岩体开挖损伤松弛机理与分析

周华　郑栋　著

图书在版编目(CIP)数据

岩体开挖损伤松弛机理与分析/周华,郑栋著.—武汉:武汉大学出版社,2021.8(2022.4 重印)

ISBN 978-7-307-22446-9

Ⅰ.岩… Ⅱ.①周… ②郑… Ⅲ.岩土工程—损伤(力学)—研究 Ⅳ.TU452

中国版本图书馆 CIP 数据核字(2021)第 139580 号

责任编辑:王 荣　　责任校对:李孟潇　　版式设计:韩闻锦

出版发行:**武汉大学出版社** (430072 武昌 珞珈山)

(电子邮箱:cbs22@whu.edu.cn 网址:www.wdp.com.cn)

印刷:武汉邮科印务有限公司

开本:787×1092 1/16　印张:9　字数:210 千字　插页:1

版次:2021 年 8 月第 1 版　　2022 年 4 月第 2 次印刷

ISBN 978-7-307-22446-9　　定价:36.00 元

前　言

岩体开挖损伤松弛问题对工程安全性和经济合理性有极大影响。探索岩体开挖损伤松弛的机理，建立相应的力学模型和分析方法，研究岩体松弛效应对工程的影响，有着非常重要的现实意义和重大的社会效益。

本书依托水利水电工程坝基岩体开挖松弛问题和现场监测资料，同时参考国内外文献资料，主要针对岩体损伤松弛的判断准则、不同施工阶段松弛效应的分析方法、考虑损伤的松弛本构模型等问题进行了一些初步研究，并在以下几个方面取得了一些创新性成果：①基于大坝建基面开挖损伤松弛机理，提出了岩体开挖损伤松弛主拉应变判别准则，并建立了针对岩体弹性指标和强度指标变化的实用有限元算法；②基于节理岩体流变模型的基本原则，采用“充填模型”对岩体裂隙进行模拟，建立了松弛岩体裂隙面刚度系数与法向应力的关系，推导了松弛岩体的等效弹性模量算法，有效模拟了节理裂隙岩体的逆向缓变过程；③选取累积等效黏塑性偏应变作为内变量，推导了松弛岩体各力学参数的损伤变量及其演化方程，建立了一种新的松弛岩体弹黏塑性损伤本构关系，同时建立了一套能够标定累积等效黏塑性偏应变具体量值和修正损伤本构模型的数值试验系统 NTS。上述研究成果已成功应用于国内某 300m 级高拱坝坝基松弛问题研究中。

本书由周华（长江勘测规划设计研究有限责任公司）、郑栋（长江勘测规划设计研究有限责任公司）合著。具体分工为：周华撰写第二、三、四、五章（合计 13 万字），郑栋撰写第一、六、七章（合计 8 万字）。

本书的出版得到了长江勘测规划设计研究有限责任公司自主科研项目“堰塞湖应急监测预警云智慧管理平台”的资助，谨表衷心感谢。

由于水平有限，加之时间仓促，书中难免存在一些不足和疏漏，敬请广大读者批评指正。

著　者

2021 年 6 月

目　　录

第1章 绪　论

1.1 岩体松弛研究意义

我国是世界上水能资源最丰富的国家，全国理论蕴藏量为6.08×10^{12}kW·h/a（万亿级），居世界首位，其中技术可开发量、经济可开发量分别为2.50×10^{12}kW·h/a、1.75×10^{12}kW·h/a。截至2013年，我国水电装机总量为2.8×10^{8}kW，位居世界第一，技术、经济开发度分别为36.5%、52.0%。2013年，我国水电发电量为9116×10^{8}kW·h，位居世界第一，是世界第二位巴西（3910×10^{8}kW·h）的2.3倍。近年来，我国虽加快了西部高山峡谷地区水电开发，但与欧洲、北美洲等水能资源开发利用程度较高的国家相比，还有较大差距、开发利用潜力还很大（潘家铮等，2000；贾金生等，2006；周建平等，2006；周云虎，2009；徐志等，2018）。同时，水能资源还是一种相对清洁的、可再生的优质能源，在极力提倡保护地球生态环境的今天，大力发展水电事业以保障电力生产安全，已成为我国能源发展的重要战略措施（陆佑楣，2006；马洪琪等，2021）。

由于我国水能资源主要分布于西部高山峡谷地区，随着西部大开发战略的实施，今后一定时期预计将有相当多的大型水力发电工程在这些地区兴建，这就为我国高坝和超高坝建设迎来了前所未有的契机，但同时也给工程设计和施工提出了新的挑战。例如：在高坝建设过程中，坝基开挖会引起基岩的应力调整和扰动，从而形成开挖损伤区，国外称之为Excavation Damage Zone（EDZ）。EDZ内的基岩变形与强度特性劣化，质量和完整性差，是破坏的潜在诱发因素，国内许多大型水电工程中也都出现了不同程度的岩体开挖损伤松弛现象。

二滩电站工程实践表明：岩体在开挖扰动下会出现膨胀脆碎、裂隙架空等物理-力学现象，引起原来处于高压缩状态的岩体节理或裂隙张开、扩展甚至贯通，从而使开挖扰动区内的岩体力学性质发生明显改变，如弹性模量、黏聚力和内摩擦角的降低等；工程开挖所诱发的损伤微裂纹，一般具有平行于临空面的定向性特征，并经常会滞后发生，这种因损伤松弛诱发的裂隙常与岩体原有的节理裂隙相组合，成为工程潜在的隐患（胡云华，2008）。同样，小湾拱坝坝基中下部出现了中缓倾角岩体节理在开挖后的损伤松弛现象；拉西瓦拱坝由于高地应力引发了建基岩体回弹、损伤松弛；溪洛渡拱坝玄武岩隐节理发育、损伤松弛严重等。

岩体损伤松弛问题对高坝建设的不利影响是显而易见的，它直接关系到工程建设的成败。因此，面对高坝建设中出现的这类特殊岩石力学问题，如何深入地认识岩体损伤松弛的机理、采用何种松弛判据、如何建立合理的松弛效应分析方法成了颇具挑战性的课题。

有鉴于此，本书结合小湾拱坝坝基岩体松弛问题，依托现场监测资料，同时参考国内外文献资料，开展了岩体损伤松弛判据、松弛效应分析方法和松弛损伤本构模型等方面的研究，以期为岩体松弛问题的理论分析和数值计算奠定基础，并为工程的合理设计与安全施工提供科学依据。

1.2 国内外研究现状

岩体损伤松弛问题受众多因素影响，且相互之间关系复杂。通常，爆破损伤和开挖荷载导致的应力应变调整是岩体松弛的主要原因（周华等，2009；李建林等，2016）。上述两个因素均可以归结为损伤松弛现象产生的外因，其内因则为岩体松弛前所赋存的初始地应力场。因此，要开展岩体松弛问题的研究，首先，必须对该现象产生的内因进行准确分析；其次，在具体工程松弛效应分析中，如何建立合理的岩体松弛判据和不同施工阶段的松弛效应分析方法，对开挖松弛区的划分以及松弛现象的准确描述起决定性作用，因此应着重加强上述两方面内容的研究；最后，为更准确地对松弛现象进行描述，有必要引入新的损伤理论，对松弛岩体的损伤本构模型进行研究。以上从研究的必要性方面阐述了与岩体松弛问题相关的研究内容，本节主要对这些内容的国内外研究现状分别进行综述。

1.2.1 初始地应力的模拟

地应力是引起岩体损伤松弛破坏的重要作用力，也是松弛效应分析的前提条件。人类对地应力的认识也只有近百年历史，为从定性和定量两个方面阐明岩体地应力场总体分布特征，人们采取了多种研究途径，如地质学方法、原岩地应力测量、数值计算模拟、地震地质研究方法、地形变研究方法、模拟实验方法以及智能方法等（程滨，2005；王呈璋，2020；蒙伟等，2021）。

国内外学者早期在研究地应力场时，常以部分资料或理论为依据，提出一些观点或假说。尽管多数观点只反映了地应力场的某些特性，但这些研究无疑对全面认识该问题是大有裨益的。近年来，随着高性能计算机计算能力的不断提升，使得各种大型的数值计算成为可能，岩体初始地应力场的研究已经逐步进入定量研究的阶段。而且，对大多数岩体工程来说，以现场实测数据为依据，考虑地形、地质等方面的特点进行相应的理论或数值分析来反演、回归和模拟，以推断地应力量值和给出初始地应力场模式，是重要而又较为有效的途径之一（袁风波，2007）。

目前，岩体地应力场反演方法主要以实测位移或应力为依据，用某种数学理论或计算模式来构造初始地应力场。其中，比较有代表性的分析方法有以下 8 种。

1. 岩体自重应力场近似为岩体初始应力场

由于地球浅表部的风化、侵蚀作用，使得浅部岩土体结构松散，结构面发育，在地球引力的作用下岩体的自重应力在地应力场中占有十分重要的作用，因而郭怀志等（1983）将地应力场归结于地球引力的结果，提出岩体自重应力场近似为岩体初始地应力场。但这一近似方法只是适用于地势平坦的地球浅表部岩体，对于深部岩体及构造作用剧烈的地区无疑是不适用的。

2. 边界荷载调整法

中国科学院武汉岩土力学研究所白世伟、李光煜（1982）提出边界荷载调整法。该方法根据区域地质构造应力测定值，预先估计和设定若干组研究区域边界构造应力荷载，同时考虑自重作用，进行岩体初始地应力场的试算，并与实测值进行对比分析，然后修正边界荷载值，进行再次计算分析。这样重复多次荷载调整计算后，将最接近地应力测点值的那一组荷载下计算所得的应力场作为地应力场。该方法虽然可行，但人为因素和随意性较大，计算工作量大，地质构造运动模式较为简单，结果的可控制性较差，且其对于地质构造运动作用较强的高地应力区适应性较差。

3. 有限元数学模型回归分析法

天津大学郭怀志、马启超教授等（1983）提出有限元数学模型回归分析方法，该方法认为每个单元的地应力场是由自重因素和地质构造因素组成的，自重应力根据岩体的埋深确定，地质构造应力根据工程区主要地质构造设计几组待回归的边界作用力或边界位移来模拟构造作用力，通过在二维尺度内的单因素有限元数学模型的计算，再进行数学回归分析，得出各因素的权重值，然后再进行回代计算。这一方法在后来的地应力场分析中得到了广泛的认可和应用，并加以拓展、推广至三维地应力场分析。

4. 地应力场的应力函数趋势分析法

中国水利水电科学研究院张有天教授等（1984）根据弹性力学原理提出地应力场的应力函数趋势分析方法。该方法根据弹性力学中的平衡方程、物理方程和本构方程来假定岩体应力场可用 Maxwell 应力函数来描述，应力函数为三维坐标的四次函数，通过实测点的坐标位置、测量值与应力边界条件之间建立若干方程，利用最小二乘法原理确定待定系数，便可得出应力分量函数，进而计算出区域内任意一点的地应力值。应力函数趋势分析方法简单，便于操作，但这一方法是基于弹性范围内所得出的应力函数，在考虑塑性变形时就难以得出满意的结果。

5. 地应力场的应力函数拟合分析法

武汉大学肖明教授（1989）利用施密特正交理论提出应力函数拟合分析方法。该方法认为对于三维离散的初始应力场实测值不便于进行三维有限元分析计算，可以根据精度要求采用三维正交多项式拟合出一个应力函数。该应力函数在有限测点上由于正交多项式的正交特性，避免了求解线性方程组，能够直接求解应力函数系数值，而且可以根据精度要求直接增加多项式的项数，具有较好的精度要求和求解的便易性。但对于初始地应力较复杂的地区，特别是初始应力场变化较大时，采用一个应力函数来描述地应力场很难达到满意的结果。

6. 地应力场的应力函数回归分析法

长江科学院刘允芳教授等（2000，2001）认为地应力场主要成分为自重应力场和地质构造应力场，对于自重和地质构造运动分别独立构建应力，以最小二乘法为目标函数进行回归分析，并进行回归显著性检验后得出合适的线性应力函数回归方程，此即应力函数回归分析方法。同时将二维应力场推演至三维应力场，该方法从局部到整体，反映了大范围的应力变化特征，方法简单，能反映地形、地貌变化特征对地应力场的影响，得到了广泛的应用。问题是此方法的计算假定是基于弹性力学的叠加原理，在考虑塑性、黏性方面依然不足。

7. 位移反分析方法

位移反分析方法主要是根据现场实测的位移资料来反算地应力的大小和方向。近年来，部分国内学者利用人工神经网络、遗传算法等在岩体地应力场的智能反演分析方面开展了一定的工作。冯夏庭等（1999）将进化神经网络应用于位移反分析法；邓建辉等（2001）将BP网络与遗传算法应用于边坡位移反分析。

8. 其他反分析方法

蒋中明（2002）、梁远文（2004）等将神经网络的非线性映射能力应用于地应力场的反演；刘世君等（2005）尝试使用多项式表示边界荷载条件，并应用遗传算法来优化求解；石敦敦（2005）、李守巨（2001，2004）、易达（2004）、工呈璋（2020）、蒙伟等（2021）在地应力的智能方法反演方面也进行过一系列的尝试。

总而言之，不论采用何种分析方法，所分析的岩体初始地应力场都应符合地应力场的实际分布规律，即应符合下列两条原则：①计算的初始地应力场应保证在实测点处与实测应力值基本一致，即保证点吻合；②计算的初始应力场应符合地形、地貌和地质条件等因素对地应力场分布规律的影响，即保证场吻合。

1.2.2 开挖损伤松弛区的划分

岩体开挖损伤松弛问题一直以来都是困扰水电工程设计与建设的主要问题之一。岩体松弛区范围的划分与力学性质对合理评价开挖后岩体稳定性、有效开展加固处理有着重要影响。以国内已经建成的三峡工程永久船闸高边坡为例，由于其开挖规模较大，而且缺少可供借鉴的工程资料，开挖损伤松弛区问题直接影响边坡的变形、稳定性评价和锚固设计参数，在设计阶段引起较大争议，不仅是相关的设计与施工部门所重点关注的，也被我国岩石力学与工程界作为研究方向（周维垣等，1989；张有天等，1999；李建林，1999；朱泽奇，2008；李建林等，2016）。因此，开展岩体工程开挖松弛区划分方面的研究工作，对高地应力区水电工程建设具有重大的现实意义。

国内外有关岩体开挖损伤松弛区问题的研究最早源于对隧道和巷道围岩自承体系的分析，一般根据开挖后围岩应力变化特征将其分为松弛带、压密区和原岩区。与之类似，岩体开挖损伤松弛问题主要指岩体应力场的调整所产生的松弛行为或现象，该现象所影响的范围即称为开挖损伤松弛区（或松弛带、松弛圈），有的学者将其定义为开挖扰动区或开挖损伤区，简称EDZ。

目前，关于岩体松弛区范围的研究方法主要有两种：试验方法和数值计算方法。从20世纪70年代开始，董方庭等（1994）开展了开挖扰动区（EDZ）的实验研究工作，把在围岩中发展的破裂区定义为松动圈，也即开挖扰动损伤区，提出了以松动圈厚度为指标的巷道支护岩石分类方法、支护机理解释和支护参数确定方法，这被称为松动圈支护理论。在这一理论指导下，先后发展了以声波、声发射、地震波、地质雷达、钻孔弹模多种手段组成的开挖扰动区测试方法，用以评估开挖扰动区的范围和开挖扰动区内岩体力学性状，为数值计算提供了较丰富的试验资料（靖洪文等，1999；宋宏伟等，2002；史永东等，2002；祁方坤等，2003）。

然而，由于经费限制和实际困难，来源于工程现场的实测资料极其有限，但是可以从理论分析、数值模拟和试验测试结果的一致性中发现岩体开挖损伤松弛区的基本规律，并主要依据数值仿真分析中再现的松弛区的分布范围和特征规律作为开挖松弛区的划分原则，建立相应的确定方法，并根据施工信息化反馈的结果对其进行相应的调整和核正（王浩等，2007）。

国内外许多学者一直致力于数值计算法方面的研究，取得了较大的进展。王夫亮（1998）提出通过计算围岩松弛区半径来确定围岩松弛区的范围，对围岩松弛区半径的计算方法进行了理论推导，并结合实际情况对其相关的影响因素做了研究和分析；肖世国、周德培（2003）提出可以通过沿水平方向或与坡顶地面线平行的参考线的应力或位移变化曲线确定坡体开挖松弛区范围，给出用数值分析方法确定开挖松弛区的流程图，并通过工程实例详细说明了确定松弛区的方法；赵晓彦等（2005）初步研究了类土质边坡中结构面的勘察方法，采用在坡顶挖探槽的方法调查结构面组数、间距及最后一条控制性结构面距坡面的距离，用以确定类土质边坡的开挖卸荷宽度；李仲奎等（1999）在 Santarelli 提出的压力相关松动区模型（PDM）、Nowrock 提出的半径相关松动区模型（RDM）的基础上，提出位移相关松动区模型（DDM），并将其应用于地下洞室的位移反分析；聂德新（2004）运用波动力学关于平均应力与体积模量、岩体纵波速度与弹性模量、变形模量间的关系，基于部分实测资料及边坡应力场有限元分析的资料，分别建立了纵波速度与岩体变形模量、岩体应力间的关系，研究了开挖边坡岩体变形模量的变化，预测了岩体松弛带的厚度；王浩、廖小平（2007）基于边坡开挖损伤松弛的基本力学原理，以开挖边坡应力张量增量的最大主应力分量增减变化作为开挖损伤松弛区的划分标准，提出了接近开挖坡面的应力衰减塑性松弛区、远离开挖坡面的原岩应力区及介于两者之间的应力集聚弹性挤压区的三场确定方法；苏联 E. I. Shemyakin 等（1986）建立了松动圈与埋深、跨度、原岩应力、岩石强度等经验公式；刘刚、宋宏伟（2003）采用大型计算软件 ANSYS，对矩形巷道的围岩松动圈进行数值计算，得出松动圈与其影响因素之间的定性及定量关系；周希圣（1994，1997）、高玮等（2002）在现场测试的基础上，分别研究了松动圈灰色预测和进化神经网络预测方法；黄润秋等（2001）研究提出了边坡二次应力的“驼峰应力分布规律”，分析了岩质高边坡卸荷带的形成机理；邓建辉等（2001）采用现场调查、工程物探、试验监测等技术手段研究了三峡船闸边坡围岩松动性状及其工程性质；伍法权等（2009）采用能量方法研究了小湾水电站坝基岩体的卸荷分带，给出了岩体卸荷分带的应变能方法。

1.2.3　岩体松弛效应分析方法

通常，岩体开挖损伤导致的松弛现象往往历时较长，其松弛效应也是随着工程建设的持续进行而逐渐减弱的。由于松弛岩体在不同施工阶段的受力状态存在较大差异，例如：在坝基开挖期间，开挖面附近松弛岩体上覆无荷载作用，松弛效应主要表现为岩体的自然松弛回弹，损伤裂隙呈张开趋势；但是在坝体浇筑期间，受上覆混凝土压重影响，松弛岩体损伤裂隙被压密，张开度减小甚至闭合，同时配之以固结灌浆处理，坝基岩体纵波波速也相应提高，出现了一个具有时间效应的逆向缓变过程。上述两个阶段中，前者应着重考虑松弛岩体劣化后的松弛效应分析，而后者则需在开挖松弛后且坝体未浇筑之前的残余松弛效应基础上，同时考虑松弛岩体的逆向缓变过程。因此，不同施工阶段必须采取不同的数值计算方法进行有效模拟。本书主要从坝基开挖和坝体浇筑两个阶段阐述松弛效应分析方法的现状。

1. 坝基开挖期间的松弛效应

岩体开挖松弛的现象早已为工程界所熟悉，但是关于松弛效应分析方法的研究却很不成熟，主要是对于损伤松弛的定义一直存在很大争议，其核心问题则是损伤松弛分析中关于加载或卸载强度理论的选取。目前，国内外学术界主要有两种不同的观点：①哈秋舲等（1997）认为岩体的开挖主要表现为卸荷条件，若采用常规加载试验参数和常规的本构模型与方法进行开挖松弛计算，会与实际物理模型很不吻合，导致研究成果与实际监测资料不符，甚至出现数量级的差别；②邓建辉等（2001，2002）则认为松动区的“卸荷”应理解为应力释放，与塑性力学的卸载有着本质的区别，若按照塑性力学的加卸载定义，大部分的松动区属加载区，并非卸载。上述两种观点在对损伤松弛认识上存在根本性的分歧，前者主要以工程师的角度从工程地质中最直观的受力现象来描述，而后者则是按照塑性力学理论里关于加卸载的定义进行判断。

由于岩体在加载与卸荷条件下具有完全不同的应力路径，两者所引起的岩体的变形和破坏特性，无论在力学机理还是在力学响应上都有很大差异（吴刚，2001）。上述学者分析问题的角度不一致，也就导致目前出现多种岩体松弛效应分析方法。就目前的研究现状来看，人们通过大量的加载试验及理论分析，已建立一系列能反映岩体在加载条件下发生变形破坏的理论，并把这些理论应用到工程实际之中，因而加载岩体力学研究已经比较成熟。相对而言，卸荷岩体力学研究尚处于摸索阶段，其研究成果非常有限，更鲜有报道其在工程中的应用。因此，尚且不论这两种分析方法的优劣，仅从工程应用的可能性来看，若能找到恰当的分析方法，加载强度理论无疑比卸载强度理论更具优势。

国内学者开展岩体开挖松弛效应方面的研究约始于20世纪90年代初，主要是随着三峡工程建设中“永久船闸岩石高边坡开挖卸荷变形控制”研究的深入，岩体开挖松动效应越来越受重视，也取得了一定的研究成果。盛谦（2002）采用弹-脆-塑性数值仿真分析手段，研究了形成边坡开挖扰动区的弹脆塑性预估评价方法，建立了开挖扰动区分区模型和划分原则，并评价了三峡船闸边坡开挖扰动区内岩体力学参数的弱化效应；徐平等（1998）采用FLAC进行了边坡开挖数值模拟，探讨了岩体开挖卸荷效应对边坡稳定性的影响，并采用3D-δ进行了三维弹塑性分析；周火明等（2004）对三峡边坡进行了卸荷带岩体力学性质试验研究，讨论了卸荷分带、卸荷岩体弱化程度等；周维垣等（1989）应用自编程序对开挖卸荷效应进行了三维弹塑性分析；吉小明（2002）在实验基础上，建立了岩体波速与岩体力学、水力学性质之间的联系，采用能量法分析了开挖损伤带；杨林德（1996）、杨志法等（1995）在地下洞室反分析中考虑了松动区对结果的影响，建议采用多区域介质模型来模拟松动区；Hou（2003）应用Hou/Lux流变模型对盐岩的开挖扰动区进行数值模拟；徐军等（2019）在某高拱坝坝基开挖过程中利用声波测井技术对建基面岩体进行大面积长期观测，对声波数据进行统计分析，并结合现场卸荷松弛现象，总结出岩体开挖所引起的岩体在一定时间和空间上的卸荷效应及发育特征。

国外对松弛效应的系统研究起步比国内略早。C. M. Sayers（1990）和 J. B. Martino 等（2004）对卸荷松动损伤机理进行了分析；P. C. Kelsall 等（1984）和 P. Bossart 等（2002）研究松动区岩体变形和力学特性；A. F. Nozhin（1985）和 J. Molinero 等（2002）提出了开挖卸荷效应的数值模型及计算方法；M. Cai、P. K. Kaiser（2005）应用微观力学方法对开挖损伤区进行了研究；S. Mitaim 等（2004）应用滑动裂纹模型研究了脆性岩石开挖扰动区。

2. 坝体浇筑期间的松弛效应

前面已经提到，关于坝体浇筑期间的松弛效应分析，主要涉及松弛岩体的逆向缓变过程。在这个过程中，坝基盖重增加，松弛岩体部分应力得到恢复，损伤裂隙被压密，坝基岩体纵波波速提高，这些现象都表明该过程为松弛岩体力学参数的逐渐恢复过程，而且主要表现为岩体的各向异性和整体刚度的增加，即松弛岩体综合弹性模量的提高。本书在坝体浇筑期间的松弛效应分析中，也主要考虑了坝基变弹性模量对松弛效应的影响，这里主要对裂隙岩体等效弹性模量算法的研究现状进行阐述。

20世纪70年代以来，国外许多学者就在这方面做了大量的研究工作。如 B. Budiansky 等（1976）对包含随机分布裂隙的固体弹性模量进行了分析；H. Horii 等（1983）分析了应力诱发各向异性裂隙固体的等效弹性模量；J. Kemeny 等（1986）等估计了二维和三维裂隙体的弹性模量；K. X. Hu 等（1993）对各向异性裂隙岩体的弹性力学参数进行了较为全面的分析。

国内学者在这方面的研究工作也取得了一些有益的成果。曹庆林等（1991，1995，1996）分析了现场节理岩体变形性质的影响因素，具体研究了节理岩体等效弹性模量计算方程中的裂纹密度 ϕ 和裂纹状态系数 q^*，给出利用已有的节理分布的量测数据及节理面和岩石力学性质的测试结果确定节理化岩体等效弹性模量的方法，最后用一实例对所给方法进行了验证。李丽娟等（2008）为研究无填充断续节理岩体的力学特性，假定岩体中的节理类似于断裂力学中的裂纹，利用裂纹扩展的能量释放率理论，结合弹性力学中的 Betti 互易定理，推导出在平面应力状态下一组闭合节理平板的等效弹性模量，并考虑到节理之间的相互影响，对其进行了相应的修正；同时进一步推导出三维含无填充断续节理岩体在闭合状态下的等效弹性模量，最后得出节理岩体的等效弹性模量与节理的几何形态及其力学参数以及节理是否闭合有关。

1.2.4 岩体损伤本构模型

通常，岩体内部都存在大量的宏观、微观缺陷，当其受到外界各类因素扰动时，这些缺陷将产生运动导致其力学性能劣化，从而形成损伤。同时，岩体作为一种流变介质，其应力应变具有较强的时效性，因而其损伤过程往往要经历很长的时间。国内外许多大型水电工程的监测资料表明，岩体开挖导致的松弛现象历时较长，而岩体的松弛实际上是其材料力学指标逐渐劣化的过程，因此可以考虑引入损伤力学的概念，建立岩体的损伤本构模型，以对其渐进损伤破坏过程进行有效模拟。

损伤力学作为固体力学的一个分支，从诞生至今已有60多年的历史。最早的研究可以追溯到1958年，L. M. Kachanov（1958）在研究金属的高温蠕变现象时，引入了“连续性因子”和“有效应力”的概念，成功地描述了“固体失效之前的渐进式破坏”现象。1968年，Y. N. Rabotnov又进一步提出了“连续损伤因子”的概念，标志着损伤力学的发展初步告一段落。在此后很长的一段时间内，损伤力学主要应用于描述金属的蠕变断裂，并没有引起研究者的广泛重视。直到20世纪70年代后期，损伤力学才受到较为广泛的重视，一批研究者（Lemaitre，1971；Leckie et al.，1974；Chaboche，1987）采用连续介质力学的方法，将损伤因子推广为一种场变量。1977年，J. Janson和J. Hult提出了“损伤力学”（Damage Mechanics）的概念，损伤力学的理论框架基本形成。进入20世纪80年代后，在各国学者的共同努力下，损伤力学得以迅速发展，在实际工程中的运用也越来越广泛。

目前，国内外有关损伤力学的研究正处于蓬勃发展阶段，一大批学者通过力学试验和理论研究，建立了许多不同的岩体损伤本构模型，取得了大量富有成效的成果。

国外最早提出岩石类材料损伤力学研究的是J. W. Dougill（1976），A. Dragon等（1979）应用损伤概念提出了能反映应变软化的岩石与混凝土的弹性本构关系，并且认为塑性膨胀率与损伤直接相关，并建立了相应连续介质损伤力学模型。J. Mazars（1986）等将其运用于混凝土的损伤分析，使混凝土的力学模型更符合实际。随后D. Krajcinovic等（1981）、L. M. Kachanov（1982）分别从不同的角度将损伤力学应用于岩石材料，同时从岩石本身的组构特征出发，探讨其损伤的机理，建立相应的模型和理论，并将有关结论进一步推广到一般的脆性损伤问题。J. Lemaitre（1985）采用等效应变概念提出一个应力应变关系，并且认为只需将本构关系中的应力用有效应力代替，这个本构关系就能描述其应变性能。

国内学者在岩石损伤力学研究方面起步较早的是谢和平，他于1990年出版了我国第一部这方面的专著《岩石、混凝土损伤力学》，并且首次在分析岩石微损伤与宏观断裂方面引入了分形几何，更合理地定量描述了岩石的损伤。凌建明等（1993，1994）基于在扫描电镜加载台上进行的细观损伤试验，研究了细观裂纹的形成、发展及其损伤效应，探讨了断裂过程区的细观裂纹损伤特性，并将细观裂纹的几何参数与岩石的宏观力学参量联系起来，建立了脆性岩石在单调加载和蠕变条件下的细观裂纹损伤模型；在分析岩体细观和宏观损伤特征及其与岩体非弹性变形之间关系的基础上，应用损伤表面的概念描述损伤状态和过程，定义弹性-损伤准则，进而建立了应变空间表述的岩体损伤本构关系。周维垣等（1998）进行岩石材料切片在扫描电镜下断裂试验，应用连续介质损伤力学理论，从岩体内部微裂纹产生和扩展的损伤机理出发，推导出应变空间表示的坚硬岩体的弹性-损伤耦合的各向异性弹脆性损伤本构模型。赵永红（1997）对岩石试件在受载过程中表面裂纹发育做了系统的实时观测研究及分维统计分析，定义岩石构元中破裂面的分维值为各向同性损伤变量，而各个方向上裂纹面的累加量定义为各向异性损伤变量，并根据裂纹发育特征提出了损伤变量演化方程，从而建立起岩石脆性变形破坏过程的分维损伤本构方程。李广平（1995）建立了压缩荷载作用下岩石类材料的二维和轴对称微裂纹损伤的有效场模型及三维微裂纹损伤的Taylor模型，分析了微裂纹随外加应力而发生扩展的运动过程，根据扭转型裂纹模型建立了损伤柔度的求解公式。谢定义等（1999）首先采用CT识别技术对岩石中的微孔隙和微裂隙及加载过程中损伤的扩展规律进行了无扰动检测，建立了CT数分布规律的数学模型，定义了用CT数表示的岩石损伤变量，为岩石损伤研究开辟了新的途径。Ling Jianming（1993）对节理岩体模型在卸荷过程中的损伤断裂及破坏特性进行了试验研究。陈忠辉等（2004）利用连续介质损伤力学方法，通过岩石微元体强度的Weibull统计分布和库仑准则假定，建立了一个简明的岩石三维各向同性损伤模型及弹脆性本构方程，探讨了岩石试样卸荷破坏下强度及脆化特征。蒋建国等（2020）假定岩石微元强度服从幂函数分布，将可释放弹性应变能作为岩石微元统计分布变量，根据Lemaitre应变假说，经过严格数学推导，得出岩石在三维条件下的损伤统计本构模型，并利用试验数据对模型进行验证。刘文博等（2021）对岩石材料变形规律和力学特性进行分析后，再以损伤变量作为影响岩石变形和力学性能变化的内变量，采用能量原理、有效应力原理和统计损伤理论构建了一种基于弹性能释放率的新型岩石统计损伤本构模型，该损伤模型进一步完善了岩石损伤本构模型的理论体系，弥补了传统损伤模型无法合理解释引发岩石破坏原因的不足，利用岩石试验数据对损伤模型的参数进行确定，并将损伤演化模型代入弹性能-应变模型中，分析在加载过程中岩石弹性能性变化的规律。

1.3　岩体开挖损伤松弛的关键科学技术问题

岩体开挖损伤松弛问题是一个非常复杂的课题，它涉及的研究领域非常广泛，而且国内外关于岩体松弛问题的研究尚处于起步阶段。尽管许多研究人员围绕该工程问题进行了大量的研究并已取得了一定成果，但仍然存在诸多不足，尚需做进一步的研究和探讨。

（1）现有的各种初始地应力场反演方法有各自的适用条件和范围，均在不同程度上存在其不完善性。而且，纯粹依靠一次反演复杂地质条件下的初始地应力场，很难取得较为理想的效果，因此必须同时借助于其他数值分析方法进行二次或者多次计算才能得到满足精度要求的应力场。

（2）目前工程界对岩体开挖松弛区问题仍以定性和半定量分析为主，尚处于分别研究、各自表达的阶段。尽管目前用于建立岩体松弛判断准则的物理量一般都能识别哪些部位更易发生松弛现象，但均未能得到一个绝对的指标来判断建基面岩体是否会发生松弛。

（3）由于国内学者在对卸荷松弛的认识上存在根本性分歧，导致目前出现岩体松弛效应多种分析方法。卸荷岩体力学研究尚处于摸索阶段，其研究成果非常有限，基本不具备工程应用条件。而采用加载强度理论研究松弛力学模型，由于对某些关键技术把握不准，导致其分析中存在一些问题，与实际监测成果存在较大差距。

（4）目前国内外有关损伤力学的研究还处于发展阶段，许多学者提出的损伤本构模型一般只适用于某一些材料或只在一定条件下适用，未能建立一种具有普遍适用性的损伤模型，而且针对松弛岩体渐进损伤的本构模型还很少见，无法解决实际工程中的岩体松弛问题。

1.4 主要研究内容

本书结合小湾拱坝坝基开挖过程中出现的岩体松弛问题，依托现场监测资料，同时参考国内外文献资料，主要针对岩体损伤松弛的判断准则、不同施工阶段松弛效应的分析方法、考虑损伤的松弛本构模型等问题进行了一些初步研究。

（1）综述了岩体开挖损伤松弛问题的国内外研究现状，指出了研究中的关键科学技术问题。

（2）针对目前初始地应力场反演方法中存在的不足，采取一次反演和子模型相结合的二次计算方法，对初始地应力场的反演分析方法进行了研究，并以假定的水电工程坝址区横河向剖面为考题，对二次计算方法的有效性做出了初步判断。研究结果表明：断层等软弱地质构造对初始地应力场的反演有一定影响，一次反演中这些部位附近的应力可能存在较大误差，而通过对局部子模型进行地应力场二次计算，可以改善一次反演所得的应力结果，使测点应力的实测值与反演计算值之间的相对误差减小。

（3）基于大坝建基面开挖松弛机理和大量岩石力学试验，提出了一套新的岩体开挖松弛主拉应变判别准则，并阐明了岩石极限拉伸应变的取值原则和最大主拉应变计算方法，同时建立了针对岩体弹性指标和强度指标变化的松弛效应实用有限元算法。最后，利用所建立的松弛判据和算法对假定的水电工程坝址区横河向剖面开挖松弛问题进行了分析研究，研究结果定量判断了岩体松弛影响范围，合理反映了坝基岩体应力重分布现象。

（4）针对坝体浇筑期间坝基松弛岩体卸荷裂隙被压密的现象，在节理岩体流变模型基本原则的基础上，采用“充填模型”对岩体裂隙进行模拟，建立了松弛岩体裂隙面刚度系数与法向应力的关系，进而推导了裂隙岩体的等效弹性模量算法，并对其中的实施细节进行了阐述，最后以含圆形孔洞、孔壁混凝土喷层和节理的方形岩石断面为例验证了本算法的合理性。该算法可用于模拟松弛岩体逆向缓变过程，合理反映施工后期的后续松弛效应。

（5）选取经典弹塑性理论框架内的累积等效黏塑性偏应变作为内变量，建立了松弛岩体各力学参数的损伤变量及演化方程，通过不断更新松弛后的力学参数和调用新提出的实用松弛算法，推导建立了一种新的松弛岩体弹黏塑性损伤本构模型，并通过算例考证了该模型的合理性和有效性。同时，针对实际工程应用中累积等效黏塑性偏应变难以确定的问题，建立了一套能够标定其具体量值和修正损伤本构模型的数值试验系统 NTS，最后结合锦屏二级水电站辅助洞内的白山组大理岩常规三轴压缩试验曲线，对本构模型中应变阈值进行了综合确定，并为此类岩体损伤松弛效应分析的本构模型提供了修正依据，进而验证了 NTS 系统的合理性。

（6）将新提出的岩体松弛效应分析方法应用于小湾工程中，研究了坝址区初始地应力场、坝基开挖期间及坝体浇筑期间的岩体松弛效应，并将仿真结果与现场监测成果进行了对比分析。研究结果不仅合理反映了开挖过程中基岩的常规应力应变规律，而且突出了松弛岩体在一定区域内的应力重分布现象；既真实反映了大坝仿真计算过程中坝基岩体的松弛回弹过程，又准确判断了岩体松弛效应对坝体-地基系统的影响时间。通过与现场监测成果的比较，进一步证明了本书研究的可靠性和实用性。

（7）总结了本书的主要研究内容，并提出今后尚待深入研究的若干问题。

第2章　初始地应力场的二次计算方法研究

初始地应力是指地壳岩体在未经人为扰动的天然条件下的应力状态。大量实测资料和理论研究表明，初始地应力主要来自以下5个方面：岩体自重、地质构造运动、山体地形地势、山体剥蚀作用和封闭应力（陈宗基等，1991；王呈璋，2020）。岩体中的天然应力是由上述几种因素联合作用形成的。在不同的地质条件下，地应力场中几种应力所占的比例不同，但通常岩体重力和地壳运动产生的应力（即构造应力场）占优势。工程实践表明，初始地应力不但是影响岩体力学性质的重要控制因素之一，而且是在岩体所处环境条件发生改变时引起变形和破坏的重要力源之一。因此，初始地应力场的确定历来是岩石力学的一个重要课题（柴贺军等，2002；陈胜宏，2006；付成华，2007；蒙伟等，2021）。

2.1　初始地应力分布的基本规律

国内外学者通过大量的理论研究、地质调查，同时结合丰富的地应力测量资料，已总结出初始地应力分布的一些基本规律（陶振宇，1979；袁风波，2007；尤哲敏等，2013）。

（1）地应力是时间和空间的函数，它是一个具有相对稳定性的非稳定应力场，且在绝大部分地区是以水平应力为主的三向不等压应力场。三个主应力的大小和方向是随空间和时间而变化的，因而它是个非稳定的应力场。

（2）实测垂直应力基本等于上覆岩层的重量，地应力的垂直分量主要受重力的控制，但也受到其他因素的影响。

（3）水平应力与垂直应力的相互关系：

①在浅层地壳中平均水平应力也普遍大于垂直应力；

②平均水平应力与垂直应力的比值随深度增加而减少，但在不同地区，变化的速度很不相同；

③最大水平主应力和最小水平主应力也随深度呈线性增长关系；

④最大水平主应力与最小水平主应力之值一般相差较大，显示出很强的方向性。$\sigma_{h,\max}/\sigma_{h,\min}$一般为0.2~0.8，大多数情况下为0.4~0.8；

（4）地应力的上述分布规律还会受到地形、地表剥蚀、风化、岩体结构特征、岩体力学性质、温度、地下水等因素的影响，特别是地形和断层的扰动影响最大。

2.2　地应力分析的有限元基础

2.2.1　有限元法的基本原理

有限元法是在连续体上直接近似计算的一种数值方法。这种方法首先将连续的求解区域离散成有限个单元的组合体，而且这些单元之间仅在有限个节点上按不同的方式相连接，单元本身也可以有不同的形状，根据变分原理（或加权余量法）（王勖成等，1997；黎勇等，2000）把微分方程变换成变分方程。它是通过物理上的近似，把求解微分方程问题变换成求解关于节点未知量的代数方程组的问题，通过插值函数计算出各个单元内场函数的近似值，从而得到整个求解区域上的近似解。这种近似处理方法在单元划分得足够小时，就能保证其求解精度（朱伯芳，2000；傅少君，2005；Chen，2015）。

由于单元很小，在一个微小的单元内，未知场函数 u 可以采用简单的代数多项式近似地表达。通常取为如下的形式：

$$u = \sum_{i=1}^{m} N_i u_i \tag{2-1}$$

式中：$[N]$ 为形函数；$\{u_i\}$ 为节点处的函数值；m 表示单元的节点数目。

有限元法以所有节点处的 u 值作为基本未知量，根据求解问题的微分方程，利用变分原理，可得如下形式的有限元控制方程：

$$[K]\{U\} = \{P\} \tag{2-2}$$

式中：$[K]$ 为由各单元的特性矩阵组装的总体特性矩阵；$\{U\}$ 为所有节点的未知量组成的矢量；$\{P\}$ 为右端矢量，如荷载等。

解线性方程式（2-2）即可求得场函数 u 在各单元节点处的值。

有限元法分析的过程概括起来可分为如下7个步骤：①结构的离散化；②选择位移模式；③单元分析；④计算等效结点力；⑤集成总体平衡方程；⑥引入边界条件，修正总体平衡方程；⑦解方程得未知量。

有限元法简单直观，物理概念清晰，对结构或系统的适应性强，计算效率较好且数值精度也较高。有限元法可以分析形状十分复杂、非均质和各种实际的工程结构，在计算中可以模拟各种复杂的材料本构关系、荷载和条件，而且可以准确地计算出结构中各点的应力和变形分布。由于具有这些优点，因此该法较为适合处理地质构造非常复杂的水工结构与岩土工程中的实际工程问题。

2.2.2　有限元法在地应力反演中的应用

一般来说，测点应力值及其所反映的初始地应力场可认为是下列变量的函数：

$$\sigma = f(x,\ y,\ z,\ E,\ \mu,\ \Delta,\ U,\ V,\ W,\ T,\ \cdots) \tag{2-3}$$

式中：σ 为初始地应力值，代表应力分量；x、y、z 为地形和地质体空间位置的坐标，可由勘测资料获得；E、μ 分别为岩体的弹性模量、泊松比；Δ 为自重因素，U、V、W 为地质构造作用因素；T 为温度因素。其中，Δ、U、V、W、T 为待定因素，确定这些待定因素的方法有回归分析方法、神经网络方法、遗传算法等。

在进行地应力分析时，首先需根据地形地质勘测资料确定有限元计算模型和计算域，这一步和有限元正算法完全一致。但计算域一般较常规结构分析时大得多，其目的在于减小人工边界误差在所关心的结构部位的影响。

形成初始应力场的因素有岩体自重、地质构造运动、温度等。若不考虑温度因素，岩体自重和地质构造运动因素可通过施加不同的边界条件来实现。自重的构成如图 2-1（a）表示，计算中可采用岩体实测容重。构造运动作用力的构成如图 2-1（b）、(c)、(d) 所示，通过在边界上施加单位力 **P** 或位移 **u** 来体现，但反映构造运动作用力的最终值决定于 **P** 或 **u** 与相应的回归系数的乘积。**P** 和 **u** 的分布可以是均布的、线性的、二次的等。当计算域取得足够大时，计算结果表明，在河谷附近初始应力场的大小和分布规律，只决定于 $\int_0^H P\mathrm{d}y$ 的积分值（H 为计算深度），而与 **P**(或 **u**) 的分布形状关系不大（易达，2002）。

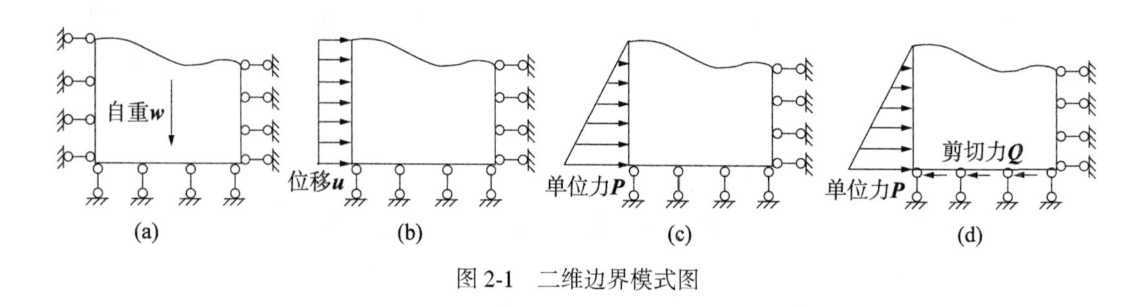

图 2-1　二维边界模式图

从图 2-1 的 4 个模式中可以看出：

（1）自重因素是独立的；

（2）图 2-1（b）~（d）所示的 3 种模式都是反映地质构造运动的作用力，它们之间是相容的，即其中 1 个因素的引进，将造成其余 2 个因素的退化。

上述边界模式同样适用于更复杂的三维问题。

2.3　初始地应力分析方法

岩土工程中数值分析的一般过程为：根据必要的基本参数（初始地应力、弹性模量等），采用适当的介质模型，运用一定的数值方法，求解工程域内岩体的力学行为。基本参数中的初始地应力由于其复杂性和多变性，一般是通过现场实测获得。实测地应力是提供区域地应力场最直接的途径，但由于场地和经费等原因，不可能进行大量的测量。一方面，地应力场成因复杂，影响因素很多，各测点的测量成果往往只能反映局部应力场；另一方面，测量成果受到测量误差的影响，存在一定程度的离散性（付成华等，2006；郭明伟等，2008）。因此，为更好地满足工程设计和施工的需要，还必须根据实测的地应力资料，结合现场地质构造条件，通过有效的分析方法，进行初始地应力场的反演计算，以获得更为准确的、适用范围较大的地应力场。

为准确地反演岩体初始地应力场，首先必须考虑工程附近较大范围内的地形、地势的影响，同时兼顾局部范围内软弱地质构造（如断层、蚀变带、发育节理、风化卸荷等）。理论上讲，上述反演考虑了所有的地质现象，其结果应最准确。但由于其有限元模型计算范围大、网格复杂且数量极多，导致计算规模过大；不仅对反演程序和计算机性能有较高要求，而且反演效率低，甚至可能造成反演失败。因而，纯粹依靠一次反演复杂地质条件下的初始地应力场很难取得较为理想的效果，必须同时借助于其他数值分析方法进行二次或者多次计算才能得到满足精度要求的应力场（薛娈鸾等，2006；周华等，2009）。

随着计算机技术和有限元方法的发展，子模型技术已得到广泛的应用。在分析局部区域应力时，采用子模型法可以提高计算效率并能较好地得到复杂结构局部的应力状态。子模型通常是用来在原模型基础上获取更精确结果的一种方法，即从已分析的模型上截取部分区域，对该区域的网格进行细划后进行二次应力分析，从而得到更精确的结果。子模型法的思想正好可以用于解决初始地应力场一次反演中存在的不足，因此本章在应力二次计算中即采用该方法来进一步提高反演的精度。

下面详细介绍岩体初始地应力场一次反演和二次计算中常见的方法。

2.3.1　一次反演方法

最近 20 多年来，随着岩石力学量测技术和计算机技术的高速发展，人们已能获得较为可靠的实测地应力值，数学计算分析的水平也得到快速提高。本书主要基于有限元法，对初始地应力场一次反演中的回归分析方法、遗传算法和神经网络方法等进行详细阐述（庞作会等，1998；杨志强等，2016）。

1. 回归分析方法

岩体初始应力场的有限元数学模型回归分析是天津大学郭怀志教授等于 1983 年首先提出的，其基本思想如下：

（1）根据确定的地形地质勘测试验资料，建立有限元计算模型；

（2）把可能形成初始应力场的因素（如岩体自重、构造运动等）作为待定因素，建立待定因素与实测资料之间的多元回归方程；

（3）用逐步回归分析方法使残差平方和达到最小，即可求得回归方程中各自变量（待定系数）系数的唯一解，同时在求解过程中完成对各待定因素的引入或剔除。

若记 Δ、U、V、W、T 分别为自重、地质构造作用和温度等地应力形成的待回归因素，σ_Δ、σ_U、σ_V、σ_W、σ_T 分别为上述各因素对应边界条件下计算域内测点部位产生的应力，并称为基本初始应力。将基本初始应力乘以系数即为实际初始应力，因此采用弹性工作状态下的线性叠加原理写出各测点的初始应力场表达式：

$$\sigma = b'_\Delta\sigma_\Delta + b'_U\sigma_U + b'_V\sigma_V + b'_W\sigma_W + b'_T\sigma_T \tag{2-4}$$

然后，采用逐步回归分析法求得式（2-4）中系数 b'_Δ、b'_U、b'_V、b'_W、b'_T 后，即可根据该式实现初始应力场的反演。

2. 遗传算法

遗传算法（Genetic Algorithm，GA）是模拟生物在自然环境中遗传和进化过程而形成的一种自适应全局优化概率搜索算法。它以决策变量的编码作为运算对象，直接以目标函数值作为搜索信息，同时使用多个搜索点的搜索信息，对包含可行解的群体反复使用遗传学的基本操作，不断生成新的群体，使种群不断进化。同时以全局并行搜索技术来搜索优化群体的最优个体，以求得满足要求的最优解。基于遗传算法的岩体初始应力场反演已经彻底摆脱了回归反演中的弹性假定，具有极强的实用性。

记现场量测点的应力值为 σ_i^*（$i=1, 2, \cdots, n$），有限元模拟计算所得的相应测点的应力值为 σ_i（$i=1, 2, \cdots, n$）。于是，岩体初始应力场的反演问题可转化为式（2-5）所示的数学模型的优化问题。

$$\phi = \sum_{i=1}^{n} (\sigma_i - \sigma_i^*)^2 \tag{2-5}$$

式中：σ_i 为岩体自重、地质构造运动、温度等对初始应力场形成有贡献因子的函数。由于这些因子对初始应力场的影响可通过在有限元计算模型上施加荷载及边界条件等效模拟，因此 σ_i 也可看作有限元计算模型上所施加荷载及边界条件的函数。显然，当式（2-5）的值足够小，即 $\phi \to 0$ 时，可以将模拟应力场视为初始应力场，反演完成。对前面所描述的优化问题，应用遗传算法进行求解的过程如图 2-2 所示。

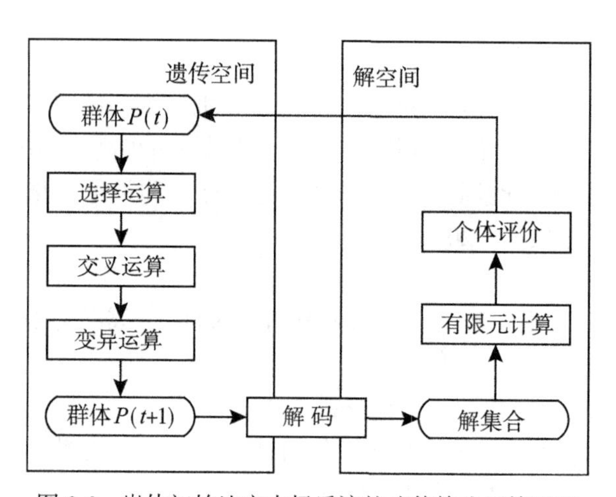

图 2-2　岩体初始地应力场反演的遗传算法运算过程

有限元计算作为一个独立的模块嵌在遗传算法中，它所能解决的问题的复杂程度，完全取决于有限元计算模块。由于有限元法已能很好地解决弹性、弹塑性、弹黏塑性等复杂问题，因此基于遗传算法的岩体初始应力场反演已经彻底摆脱了线性回归反演中的弹性假定（易达等，2001；易达等，2004；张乐婷等，2016）。

3. 神经网络方法

人工神经网络（Artificial Neural Networks，ANN）是近年来发展起来的十分热门的交叉学科，它涉及生物、电子、计算机、数学、物理等学科。由于其在复杂的非线性系统中有较高的建模能力及对数据的良好的拟合能力，已在许多工程领域得到广泛应用。人工神经网络模型是基于生物学中的神经网络的基本原理而建立的。图 2-3 为生物学中神经网络的简图（邢文训等，1999）。

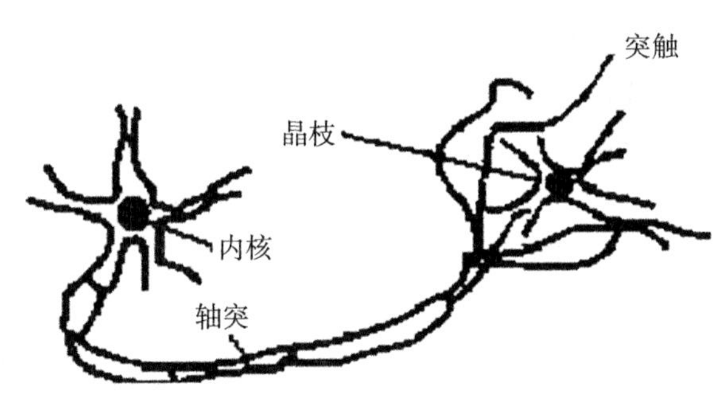

图 2-3 生物学中神经网络简图

在众多的神经网络学习算法中，由 Rumelhant 和 McClelland 等组成的 PDP 小组（Parallel Distributed Processing）于 1986 年提出的反向误差传播算法（Back-Propagation），即 BP 算法，有力地推动了神经网络理论的发展及其在模式识别、非线性映射（如函数逼近、预测问题）等方面的应用，使神经网络的研究进入一个新的阶段。

在岩体初始应力场反演时，初始应力值 σ 与给定的边界条件 $[\theta]=(\theta_1, \theta_2, \cdots, \theta_n)^{\mathrm{T}}$ 可建立非线性映射关系如下：

$$\sigma=\varphi[\theta] \tag{2-6}$$

这个映射可用人工神经网络近似地实现（图 2-4）。

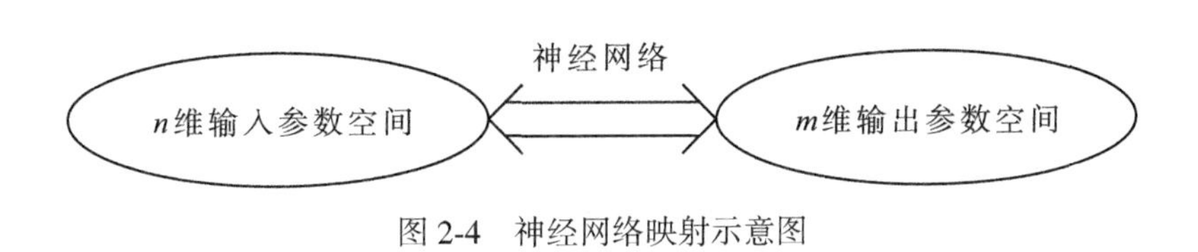

图 2-4 神经网络映射示意图

式（2-6）中，$[\theta]$ 表征的是荷载边界条件。因此，利用神经网络，可建立应力与荷载多元输入与输出的非线性映射关系；映射关系一旦建立，依据实测应力得到荷载，然后利用荷载进行有限元计算，从而得到岩体初始地应力场。

利用 BP 网络反演岩体初始应力场的具体步骤如下。

（1）组织训练样本。选取不同边界荷载进行组合，对每一组合进行常规有限元法计算，得到实测点处的应力值。以该应力值作为网络输入，边界荷载为网络输出，每组边界荷载及相应应力值对应一个样本。

（2）网络学习。用训练样本集训练网络，直至收敛。

（3）将实测应力值输入训练好的网络，网络输出即为反演出的边界实际荷载。

（4）根据岩体边界实际荷载，再通过常规有限元法计算，即可得到岩体初始应力场。

2.3.2 二次计算方法

子模型法又称为切割边界位移法或特定边界位移法，它是随着传统有限元法的逐渐应用而发展起来的一种有限元技术。其基本思想是在大型复杂整体结构计算分析的基础上，取出关键部位并将网格进一步精细划分后再进行计算分析。其主要理论依据是圣维南原理，若实际分布荷载被等效荷载代替后，应力和应变均只在荷载施加的位置附近有所改变。应力集中现象通常只会在荷载集中部位附近出现，若关键部位距子模型边界较远，就可以得到较精确的结果（吴秋军等，2006；赵吉坤等，2007；秦卫星等，2008）。

应用子模型方法求解工程问题的基本步骤如下。

（1）进行整体模型分析：用较粗的网格对整体结构进行划分，不考虑结构局部的一些构造细节，然后分析整体结构，算出其特定部位（局部精细模型的边界部位）的位移响应。

（2）建立子模型：根据结构实际的尺寸、构造以及分析目标的要求，采用恰当的单元建立局部精细模型，此时的网格密度增大。

（3）对切割边界进行插值：将第（1）步所得位移响应作为边界条件，采用线性插值法将其自动施加到局部模型相应的位置。

（4）子模型分析：子模型原有荷载和边界条件不变，对子模型进行有限元分析。

该方法对线弹性问题完全适用，但对于弹塑性问题还应考虑子模型范围对分析结果的影响。研究表明，若子模型区域比研究部位的范围大得多时，用该方法分析复杂的弹塑性问题的结果完全可以满足实际工程要求（傅少君等，2006）。

2.4 算例考证

2.4.1 反演模型及计算条件

作为考题，现假设某水电工程坝址区横河向剖面的边界条件和力学参数均为已知，首先，对含断层的真实地质构造模型（简称真实模型）进行有限元计算，将得到的应力场视为“真实初始应力场”；其次，取该剖面中不同位置的10个点作为实际测点，其对应的应力值视为实测值，然后依据这10个“实测点”的应力值，通过对不含断层的一次反演大范围有限元模型（简称整体模型）进行反演分析，获得“一次反演初始应力场”；最后，建立含断层的二次计算小范围有限元模型（简称子模型），通过在一次反演获得的整体模型位移场中插值得到子模型边界上所有节点的位移，将其作为边界条件，并施加岩体自重荷载，进行有限元计算，获得“二次计算初始应力场”。通过这三个初始应力场的比较，可对本章介绍方法的有效性做出初步判断。

真实模型剖面示意图及有限元网格如图2-5所示，其横河向 x-z 典型剖面上标注了模型尺寸的关键点坐标、断层位置和地应力测点（$D_1 \sim D_{10}$）布置信息。在建立有限元模型时，沿河流方向（坐标轴 y 轴向）取出10m厚的山体进行分析，不同分区岩体的物理力学参数如表2-1所示。该模型共剖分为18662个单元，37782个节点。真实模型初始应力场由图2-6所示的自重荷载 $G = (1.25 \times \gamma_G \cdot h)$ MPa 和左右两侧对称的梯形分布面荷载（顶部 $P_1 = 2.5$MPa，底部 $P_2 = 11.0$MPa）组成，计算模型的前、后两侧施加 y 轴向法向约束，底面边界施加 z 向法向约束。

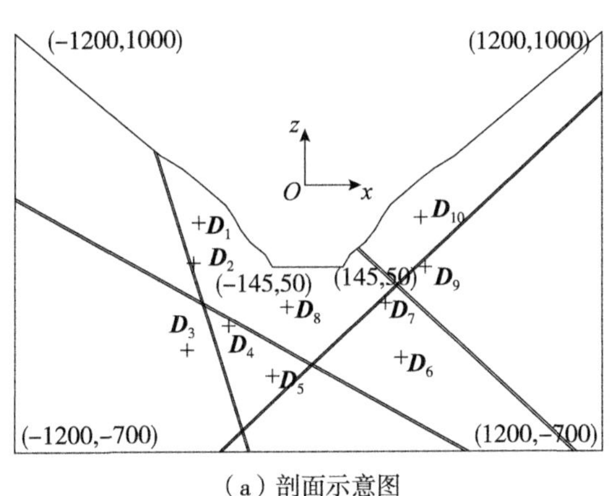

（a）剖面示意图

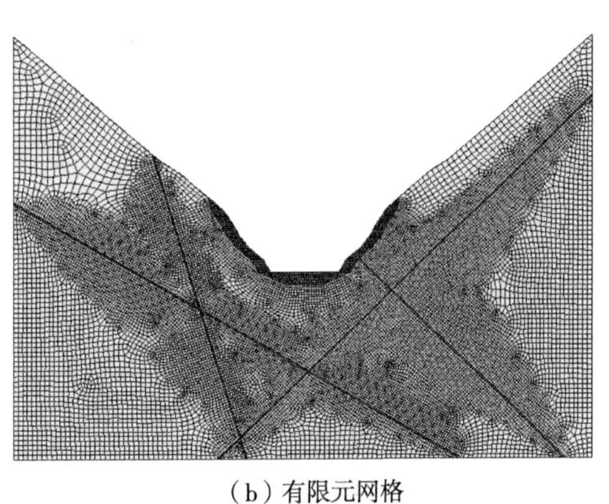

（b）有限元网格

图 2-5　真实模型剖面示意图及有限元网格（含断层）

表 2-1　　岩体的物理力学参数

岩性	弹性模量 E（GPa）	泊松比 μ	黏聚力 c（MPa）	内摩擦角 φ（°）	容重 γ（kN/m^3）
新鲜岩体	25	0.22	2.60	56.31	24
风化岩体	20	0.25	2.20	45.00	24
断层	10	0.35	1.00	21.80	24

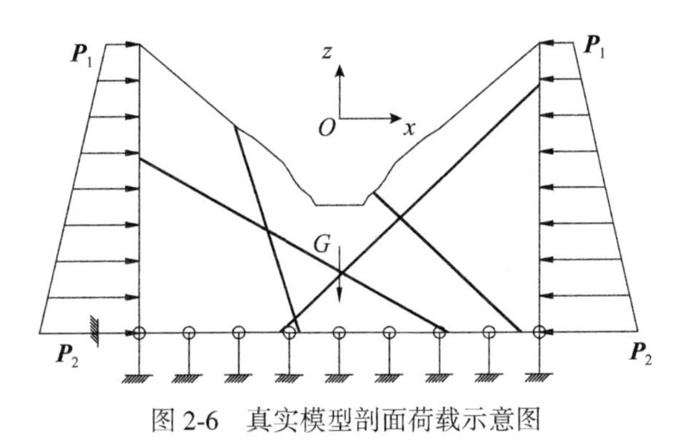

图 2-6　真实模型剖面荷载示意图

整体模型剖面示意图及有限元网格如图 2-7 所示，该模型尺寸及坐标系与真实模型完全一致，所不同的是它没有考虑该剖面上的主要断层。所建立的有限元模型共剖分为 1826 个单元、3854 个节点。在利用该模型进行一次反演分析时，共考虑了如图 2-8 所示的 3 种边界模式，即左右两侧对称的三角形分布面荷载、均匀分布面荷载和自重荷载，且在这三种边界模式中均同时施加前、后两侧的 y 轴向法向约束和底面边界的 z 轴向法向约束。

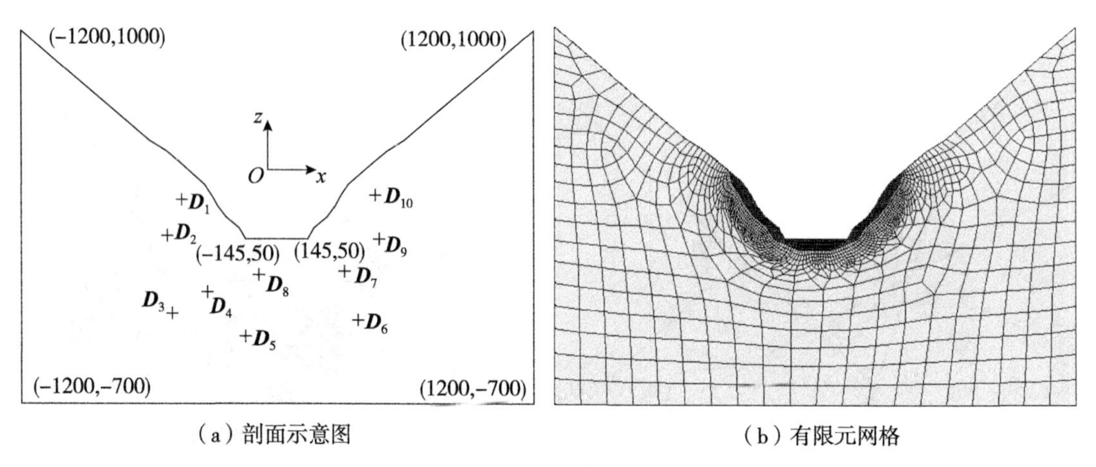

（a）剖面示意图　　（b）有限元网格

图 2-7　整体模型剖面示意图及有限元网格（不含断层）

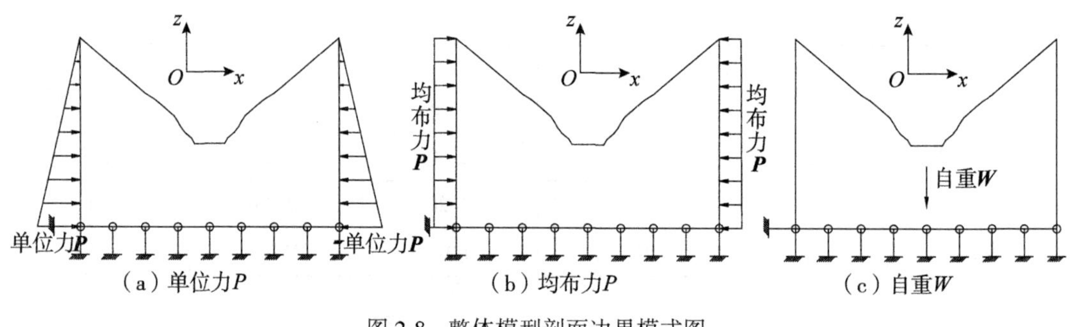

（a）单位力P　　（b）均布力P　　（c）自重W

图 2-8　整体模型剖面边界模式图

子模型剖面示意图及有限元网格如图 2-9 所示，该模型坐标系与上面两个模型完全一致，但模型范围比它们小一半。该模型考虑了真实模型中的各种岩性，且网格比真实模型更为精细，其共剖分为 10006 个单元、20430 个节点。子模型的左、右两侧和底部的位移边界通过在一次反演获得的整体模型位移场中插值得到，且前、后两侧施加 y 轴向法向约束。

2.4.2　反演结果分析

利用真实模型在给定边界条件和力学参数下的 10 个“实测点”应力值，主要选取其中的 3 个正应力分量进行神经网络一次反演，得到整体模型三种边界模式的荷载系数分别为：三角形分布面荷载 0.4917MPa、均匀分布面荷载 2.5760MPa、自重因子 1.2473。上述 3 个因子与整体模型在各自对应的单位荷载作用下的位移、应力场加权后，得到一次反演整体模型的位移、应力场；子模型的边界节点在上述位移场中插值得到位移边界条件，同时对子模型施加岩体自重荷载，于是可以得到二次计算后的子模型位移场和应力场。

为对初始地应力场各次反演的精度进行对比，本书主要采用相对误差进行分析，其定

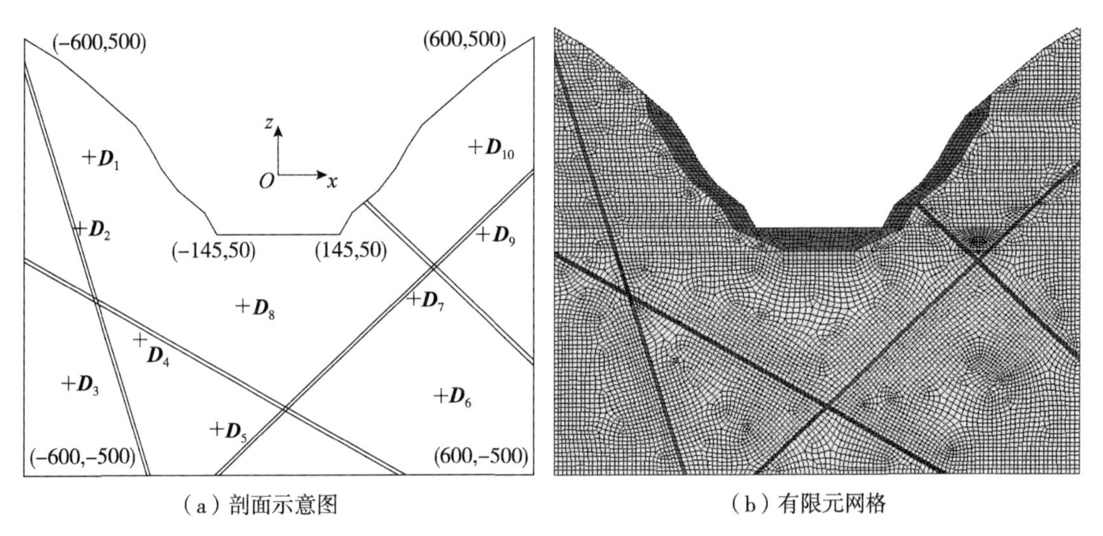

（a）剖面示意图　　　　（b）有限元网格

图 2-9　子模型剖面示意图及有限元网格（含断层）

义为

$$\eta = \frac{\|\text{计算值} - \text{实测值}\|_2}{\|\text{实测值}\|_2} \times 100\% \tag{2-7}$$

式中：$\|\cdot\|_2$ 为 2−范数。

初始地应力场反演时的 10 个“实测点”在一次反演、二次计算中的应力结果与实测值对比情况见表 2-2，由此分析可知以下四项内容。

（1）在整体模型一次反演中，由于未考虑主要断层影响，导致断层附近多数测点应力相对误差偏大，其中测点 D_2 的 3 个正应力和 6 个应力分量的相对误差分别为 8.30% 和 9.89%。但距断层较远的测点反演精度较高，相对误差均在 3%以内。

（2）在子模型二次计算中，距断层较远的测点 D_1、D_6、D_{10} 的 3 个正应力或 6 个应力分量的相对误差比一次反演略有增大，D_3、D_8 略有减小，但整体量值变化不大，相对误差仍维持在 3%以内。而断层附近测点除 D_7 二次计算中 3 个正应力和 6 个应力分量的相对误差比一次反演略大外，其余 4 个测点（D_2、D_4、D_5、D_9）反演效果均有明显改善，最大误差由原先的 10%降至 3%。

（3）三种不同的初始地应力场分布规律和量值基本一致。但由于一次反演中未考虑断层影响，该部位材料力学参数偏高，其反演误差偏大，而且无法反映真实模型中的局部应力突变现象。二次计算中则考虑了真实模型中的各种岩性，反演出的应力场整体分布规律和断层局部应力都与真实模型非常接近。

（4）整体而言，断层等软弱地质构造对地应力场的反演有一定的影响，一次反演中这些部位附近的应力可能存在较大误差，而通过对局部子模型进行地应力场二次计算，可以改善一次反演所得的应力结果，使测点应力的实测值与反演计算值之间的相对误差减小。

表 2-2 地应力实测值与计算值对照表

测点号	取值类型	σ_x(MPa)	σ_y(MPa)	σ_z(MPa)	τ_{yz}(MPa)	τ_{zx}(MPa)	τ_{xy}(MPa)	误差 1(%)	误差 2(%)
D_1	实测值	-6.36	-3.51	-9.59	0.00	6.28	0.00		
	一次反演	-6.21	-3.48	-9.62	0.00	6.20	0.00	1.27	1.27
	二次计算	-6.29	-3.54	-9.47	0.00	6.11	0.00	1.19	1.68
D_2	实测值	-8.98	-5.01	-13.79	0.00	5.68	0.00		
	一次反演	-9.79	-5.91	-14.54	0.00	6.76	0.00	8.30	9.89
	二次计算	-8.71	-4.90	-13.55	0.00	5.46	0.00	2.20	2.42
D_3	实测值	-11.62	-7.82	-23.95	0.00	2.66	0.00		
	一次反演	-11.64	-7.80	-23.60	0.00	2.67	0.00	1.26	1.26
	二次计算	-11.69	-7.78	-23.69	0.00	2.68	0.00	0.99	0.99
D_4	实测值	-12.54	-6.96	-19.12	0.00	3.32	0.00		
	一次反演	-13.61	-7.03	-20.33	0.00	3.31	0.00	6.80	6.73
	二次计算	-12.56	-6.93	-18.96	0.00	3.24	0.00	0.68	0.75
D_5	实测值	-14.41	-8.54	-24.43	0.00	1.17	0.00		
	一次反演	-15.36	-9.56	-25.57	0.00	1.03	0.00	6.09	6.11
	二次计算	-14.43	-8.54	-24.39	0.00	0.74	0.00	0.16	1.45
D_6	实测值	-12.68	-8.05	-23.91	0.00	-2.41	0.00		
	一次反演	-12.62	-8.03	-23.88	0.00	-2.37	0.00	0.24	0.29
	二次计算	-12.65	-7.99	-23.95	0.00	-2.44	0.00	0.27	0.29
D_7	实测值	-12.38	-6.33	-16.42	0.00	-4.43	0.00		
	一次反演	-12.30	-6.60	-16.35	0.00	-4.42	0.00	1.33	1.31
	二次计算	-12.37	-6.27	-16.12	0.00	-4.28	0.00	1.41	1.54
D_8	实测值	-15.78	-6.10	-11.95	0.00	2.85	0.00		
	一次反演	-15.90	-6.20	-12.27	0.00	2.62	0.00	1.72	2.02
	二次计算	-15.72	-6.06	-11.81	0.00	2.71	0.00	0.78	1.04
D_9	实测值	-8.99	-5.11	-14.23	0.00	-5.62	0.00		
	一次反演	-9.14	-6.15	-14.29	0.00	-5.44	0.00	6.01	5.82
	二次计算	-8.95	-5.06	-14.04	0.00	-5.39	0.00	1.17	1.67
D_{10}	实测值	-6.18	-3.39	-9.22	0.00	-6.16	0.00		
	一次反演	-6.43	-3.39	-9.30	0.00	-6.10	0.00	2.28	2.07
	二次计算	-5.94	-3.30	-9.05	0.00	-5.93	0.00	2.63	2.91

注：误差 1 仅考虑 3 个正应力分量，误差 2 考虑了 6 个应力分量。

2.5 本章小结

本章首先阐述了初始应力场分布的基本规律，其次介绍了有限元法的基本原理及其在地应力反演中的应用，然后详细介绍了一次反演中的回归分析方法、遗传算法、神经网络方法和二次计算中的子模型法，最后以假定的水电工程坝址区横河向剖面为考题，采用一次反演和子模型方法对本章介绍方法的有效性做出初步判断。研究结果表明：断层等软弱地质构造对初始地应力场的反演有一定影响，一次反演中这些部位附近的应力存在较大误差，而通过对局部子模型进行地应力场二次计算，可以改善一次反演所得的应力结果，使测点应力的实测值与反演计算值之间的相对误差减小。

第3章　岩体松弛效应的有限元算法与松弛判据

在地下洞室、边坡、大坝坝基的开挖过程中，岩体会受到不同程度的损伤，形成松弛带，其工程地质性状会受到一定程度的弱化（米德才等，2006；秦建彬等，2007）。岩体松弛的主要表现有岩爆、“葱皮”（剥裂），出现延伸范围较大的与开挖面大体平行的张性裂隙，也可以理解为一种表面不稳定现象。若采取工程常用的指标进行衡量，岩体松弛过程则主要体现为弹性模量、泊松比、黏聚力、内摩擦角和流变参数等参数的逐渐劣化（Ramamurth，1993；吴刚等，1998；胡静，2000；徐卫亚等，2003；杨建华等，2020）。

岩体松弛问题受众多因素影响，且相互之间关系复杂。目前的研究虽已在松弛机理、力学模型和分析方法等方面取得了一些成果（Kwansnieaski，1993；哈秋舲等，1998；徐平，2000；李建林，2001；李建林，2003；聂德新，2004；Zhou Hua et al.，2008；周华等，2009；李建林等，2016），但均无法对松弛发生的部位、范围和严重程度进行定量分析，对松弛后岩体内部的应力应变性态进行合理描述，这对一个具体工程而言尤为迫切。为合理反映岩体松弛效应对工程的影响，本章基于岩体开挖松弛的机理，提出了一套简明实用的岩体松弛效应有限元算法和开挖松弛判据，并以假定的水电工程坝址区横河向剖面开挖松弛问题为例进行了验证分析。

3.1　岩体松弛问题综述

通常，爆破损伤和开挖荷载导致的应力应变调整是岩体松弛主要原因。

爆破损伤主要是指在爆破温度、压力、振动的作用下，出现新的裂隙，其影响深度一般为0~2m。开挖荷载导致的应力应变调整主要导致岩体内原有裂隙错动及扩张，其影响深度一般为0~5m，有时达20~30m。爆破损伤影响深度小，且可通过爆破技术和爆破质量进行控制。金李等（2009）基于弹性振动、应力波以及爆炸力学的基本理论，探讨了节理岩体开挖过程中的动态卸荷松动机理，同时采用动力有限元法和离散单元法对节理岩体的动态卸荷松动过程进行数值模拟，并结合工程实际对岩体开挖过程中控制卸荷松动的工程措施进行总结。罗士瑾等（2021）以印第安纳灰岩为研究对象，通过颗粒流数值模拟对岩体宏观及细观参数进行标定，编写 fish 函数，模拟不同地应力下岩体爆破的宏观和微观破坏的演化规律，深入分析地应力对爆破的影响机制，对实际爆破工程有一定的理论指导意义。

开挖荷载导致的应力应变调整影响深度大，尽管可通过预锚等手段进行控制，但难度较大。当岩体松弛发展到一定程度时，表面呈现不稳定趋势。在特定的地质条件下，可能出现岩爆等小范围快速解体现象，也可能出现变形局部化导致延伸范围较大且与开挖面大体平行的张性裂隙，导致浅层岩体质量降级。与爆破损伤导致的岩体松弛相比，上述现象对结构物的安全有重大影响，处理麻烦而且耽误工期。因此，为合理反映岩体开挖松弛效应对工程的影响，本章从静力学方面着重研究由于开挖荷载导致的岩体松弛问题。

3.1.1 开挖损伤松弛的概念

岩体开挖损伤松弛问题主要是指由于岩体应力场的调整所产生的松弛行为或现象，其定义可以理解为由于开挖卸荷作用引起岩体应力场的调整，在开挖面附近一定区域或范围内其应力水平急剧降低，或解除，或释放，或变化至某一新的平衡的应力水平，该区域即称为岩体开挖损伤松弛区（或松弛带）。岩体开挖损伤松弛的现象主要表现为岩体开挖面的回弹变形、裂面的张开与扩展、岩体或土体的松动等基本物理现象，以及新裂隙的产生、塑性区的形成或扩展和边坡的局部或整体破坏解体等衍生破坏结果（冯学敏等，2009）。

由于应力释放，岩体向临空面方向发生卸荷回弹变形，能量的释放导致斜坡浅表一定范围岩体内应力的调整，浅表部位应力降低，而坡体更深部位产生更大程度的应力集中。由于表部应力降低导致岩体回弹膨胀、结构松弛，破坏岩体的完整性，并在集中应力和残余应力作用下产生卸荷裂隙。

根据理论分析、数值模拟和现场实测等多手段的对比研究，我们可以对边坡开挖损伤松弛的力学特征及其工程作用形成以下基本认识：边坡的开挖破坏了岩体原有的应力平衡，并引起应力场的调整，从而导致坡体松弛带的形成；伴随这一过程，在边坡开挖面附近一定深度范围内的岩体，因应力场的急剧调整而使坡体应力水平超出了岩体材料的抵抗能力，产生变形甚至破坏，其区内岩体的物理力学特性产生弱化效应，并为风化应力、地下水等外动力作用提供了通道，促进了岩体进一步变形与破坏。

3.1.2 开挖损伤松弛的典型表现及特征

岩石高边坡开挖损伤松弛的典型表现主要有板裂、“葱皮”（剥裂）、错动回弹、蠕滑、岩爆、河床底部基岩“起鼓”（隆起）、岩芯饼化，甚至崩塌滑坡等。板裂是低高程坝基开挖及清撬过程中常见的地质现象，主要特征是岩体被近平行坡面的缓倾裂隙切割成板状，一般分为沿原有隐微裂纹导致板裂和新生裂隙导致岩块板裂两种情况。“葱皮”是一种表层的岩体开挖卸荷剥裂现象，由卸荷裂隙切割的薄层岩片呈叠瓦式分布于完整或块状微新、新鲜的岩石表层，薄层岩片的厚度一般为0.5~5cm，且一般为新生裂缝，没有破坏滞后现象。错动回弹和蠕滑是坝基岩体损伤松弛中的常有现象。其中，错动回弹一般在河床部位的坝基表现得最为明显，表现形式包括：岩石在天然状态下储存的弹性变形量释放；产生新的剪切、张开裂隙；沿已有的结构面错动和挤压；已有结构面张开、扩展等。当错动回弹导致的岩体损伤松弛发展到一定程度时，岩体将发生沿结构面的蠕滑松弛，导致较大范围的表层岩体卸荷松动。岩爆是由于岩石高边坡建基面高应力集中区内压应力过大，开挖岩体的应力突然释放，并以剧烈的形式爆发，往往伴有响声和（或）岩片（块）弹出的现象，它在高应力区内地下洞室、高边坡岩体的开挖中非常普遍（陶振宇，1987）。

图3-1为小湾拱坝建基面开挖过程中一组典型的损伤松弛图片。

（a）谷底水平层状裂隙上拱张开　（b）钻孔揭示的水平裂隙张开（岩芯饼化）

（c）原有裂隙张开　（d）顺裂隙面剪切破坏

（e）河床部位“起鼓”爆裂　（f）薄层板裂

（g）错动回弹（剪断钻孔）　（h）错动回弹（挤弯锚杆）

图 3-1　小湾拱坝建基面开挖损伤松弛破坏典型组图

在卸荷裂隙破坏形态方面，国内外大量工程试验及开挖现场揭示表明，开挖卸荷破裂面一般与最大主应力方向成一较小角度，与卸荷方向成近 90°夹角，亦即卸荷破裂面与开挖面的产状有着较好的一致性，这就为岩体松弛判据的提出提供了良好的试验基础。对于具体的卸荷裂隙破坏形态，受岩性条件、岩体节理的分布、方向、长度、厚度、贯通性及相互交切关系影响。

3.2　开挖损伤松弛计算的有限元基本理论

通常，岩体开挖损伤松弛过程中裂隙的产生、张开或扩展都是随时间而逐步发展的，因此该过程也具有时间效应。国内大型水电工程（拉西瓦、小湾和锦屏一级等）的拱坝建基面开挖损伤监测资料表明，损伤松弛的时效发展在开挖后的前期较为明显，后期则逐渐趋于稳定。因此，在考虑岩体开挖损伤松弛效应时必须对开挖过程，尤其是松弛过程中松弛岩体的流变时效性进行合理模拟。在前面 2.2.1 小节中，已对有限元法的基本概念、原理以及分析过程作了详细介绍。这里结合岩体开挖损伤松弛问题，主要阐述松弛计算中所采用的本构模型及岩体开挖过程的模拟方法，为该问题的研究提供相应的理论基础。

3.2.1　开挖损伤松弛计算的弹黏塑性本构模型

国内外诸多学者的大量研究表明：岩土材料一般都不仅具有弹塑性变形特征，而且还在不同程度上表现出随时间呈持续流动的黏性特征，即变形不仅取决于最终应力状态，而且与应力变化的历史和时间有关，其流变特性的表现除蠕变和应力松弛外，还伴有黏性流动和长期强度的降低（孙均等，1987；潘别桐等，1994；李舰等，2020）。

描述岩土材料的流变特性一般有两种途径。一是采用各种以实测数据为基础的经验公式。经验公式在一定的范围内能比较准确地反映研究对象的流变属性，但在使用上局限性往往比较大。二是采用弹黏塑性的力学模型，反映所描述的弹黏塑性体的应力、应变与时间的本构关系，也就是在弹塑性的应力和应变本构关系的基础上再计入时间因素，进而考虑其黏性效应。可以采取一些元件来分别描述材料的弹性、塑性和黏性特性，这些元件的不同组合就能形成很多类别的弹黏塑性力学模型。合理的流变本构模型应该建立在对某一特定材料蠕变和应力松弛试验成果的基础上。

一般来说，黏性体所具有的黏性性质可以形象化地用图 3-2（a）所示的黏性元件来表示。它是一个由活塞和油缸组成的黏性阻尼器，当拉力 σ 增大时，活塞和油缸之间的相对运动速度就快，视为“应变率” $\dot{\varepsilon}$ 增高。考虑到岩土材料的弹性、塑性性质，还可以引入弹性元件和塑性元件，如图 3-2（b）、（c）所示。这些元件的不同组合可以形成很多种弹黏塑性力学模型，并反映岩土材料依附于时间的各种本构关系。

目前岩土工程中常用的流变模型有 Kelvin 模型、Burgers 模型、Bingham 模型、西原模型等。针对岩体开挖损伤松弛过程中的流变时效性，这里考虑采用广义 Bingham 模型，它是一种应用比较广泛的弹黏塑性模型，具体组成结构如图 3-3 所示。

该模型由弹性元件、塑性元件和黏性元件组成，当应力水平低于屈服值 σ_s 时，模型表现出与虎克体相同的机理；当应力水平保持在高于屈服值 σ_s 的某个定值 σ_0 时，模型就

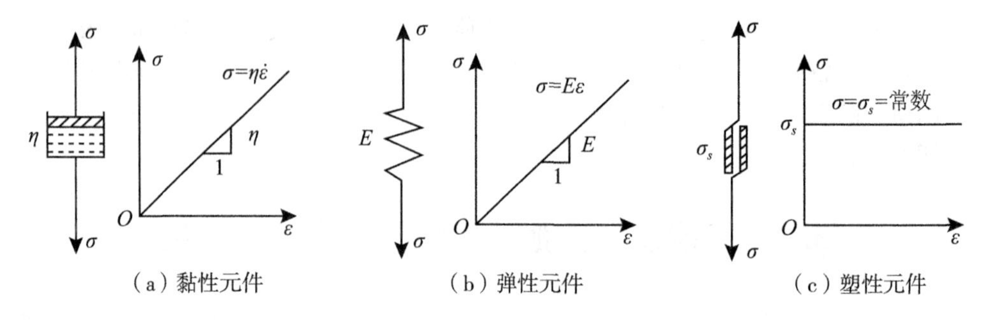

(a) 黏性元件　(b) 弹性元件　(c) 塑性元件

图 3-2　本构模型基本元件

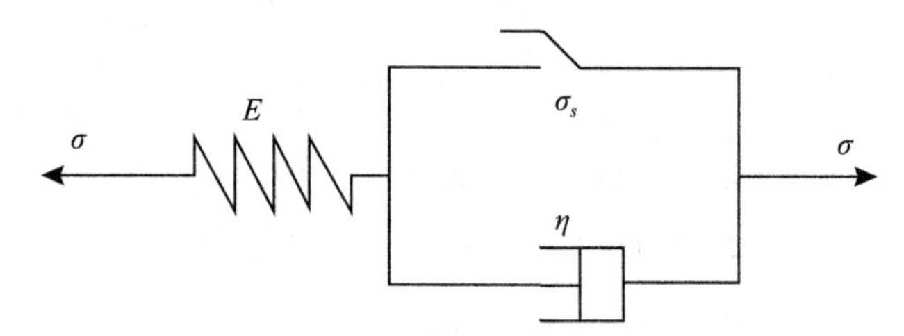

图 3-3　广义 Bingham 模型

要发生黏性流动。其中，应变 ε 由弹性应变 ε^e 和黏塑性应变 ε^{vp} 两部分组成：

$$\{\varepsilon\} = \{\varepsilon^e\} + \{\varepsilon^{vp}\} \tag{3-1}$$

$$\{\Delta\varepsilon\} = \{\Delta\varepsilon^e\} + \{\Delta\varepsilon^{vp}\} \tag{3-2}$$

弹性应变增量取决于总的应力增量，即

$$\{\Delta\varepsilon^e\} = [D]^{-1}\{\Delta\sigma\} \tag{3-3}$$

在一维应力状态下，黏塑性应变率为

$$\dot{\varepsilon}^{vp} = \frac{1}{\eta}(\sigma - \sigma_s) \tag{3-4}$$

式中：σ_s 为材料的屈服强度；η 为流变参数。

扩展到多维应力状态下，必须引入塑性势函数和流动法则的概念。设黏塑性应变与塑性应变具有相似的变化规律，则 Bingham 模型黏塑性体的黏塑性应变率可表示为

$$\{\dot{\varepsilon}^{vp}\} = \gamma\langle F\rangle\left\{\frac{\partial Q}{\partial\sigma}\right\} \tag{3-5}$$

式中：Q 为黏塑性势函数，当 $F = Q$ 时，称黏塑性流动是关联的，否则为非关联的；$\langle F\rangle$ 为屈服开关函数，$\langle F\rangle = \begin{cases} 0, & F < 0 \\ F, & F \geqslant 0 \end{cases}$；$\gamma$ 为流变参数。

广义 Bingham 模型反映了岩土材料的弹-黏塑性性质，概念清楚，易于理解，在分析流变时效性问题中被广泛采用，但不足之处是某些黏性参数（流变参数等）不易准确测定。根据 D. R. J. Owen 和 E. Hinton（1980）的研究，若流变参数 γ 可由室内外试验确定，则可利用弹黏塑性计算推求应力应变随时间变化的实际过程，并求出最终的稳态应力

应变；当流变参数 γ 无法确定时，可取 $\gamma = 1/$（MPa · d），由此计算的应力应变过程为虚拟过程，但最终求得的稳态应力应变与弹塑性解一致（陈胜宏，2006；Chen，2015）。因此，该模型能够同时适用于理想弹塑性和弹黏塑性问题，只是在后者计算时需确定材料的流变参数等。

3.2.2　岩体开挖过程的有限元法模拟

岩体开挖卸荷之前，开挖边界上的各点均处于一定的初始应力状态。开挖使这些边界的应力解除，从而引起围岩变形和应力场的变化。

有限元法模拟岩体开挖问题的主要步骤如下。

(1) 计算岩体开挖之前域 Ω 内的应力场 $\{\sigma_0\}$，它主要由岩体自重和构造应力共同产生。

(2) 计算开挖荷载 $\{F_{ex}\}$，它主要来源于应力场 $\{\sigma_0\}$ 在开挖边界上产生的等效节点力，将此节点力反向即为开挖荷载 $\{F_{ex}\}$。

(3) 计算开挖荷载 $\{F_{ex}\}$ 作用下的扰动位移场 $\{\Delta u\}$、扰动应力场 $\{\Delta\sigma_0\}$。其中，开挖荷载的作用域为 $\Omega - \Omega_{ex}$，Ω_{ex} 为开挖掉的区域。

(4) 计算岩体开挖后的应力场 $\{\sigma\} = \{\sigma_0\} + \{\Delta\sigma_0\}$。

在上述模拟过程中，针对某一步岩体开挖计算，只需通过应力投射或单元积分便可获得开挖荷载，此荷载即为作用在开挖边界节点上的集中力。

常用的计算开挖荷载 $\{F_{ex}\}$ 的方法主要有如下两种。

(1) 开挖边界力换算法。

若已知开挖边界 S_{ex} 上的分布力 $\{T\}$，则开挖荷载

$$\{F_{ex}\} = \int_{S_{ex}} [N]^{T}\{T\}\mathrm{d}s \tag{3-6}$$

式中：$[N]$ 是形函数矩阵。在有限元计算中一般直接将得到的单元高斯点应力转换到节点上，再根据节点应力得到开挖边界 S_{ex} 上的分布力，由此计算开挖荷载 $\{F_{ex}\}$。

(2) 开挖单元应力和体积力转化法。

开挖荷载 $\{F_{ex}\}$ 由下式计算：

$$\{F_{ex}\} = -\left[\int_{\Omega_{ex}} [B]\{\sigma_0\}\mathrm{d}\Omega + \int_{\Omega_{ex}} [N]^{T}\{b\}\mathrm{d}\Omega\right] \tag{3-7}$$

式中：$[B]$ 是应变矩阵；$\{b\}$ 是体力矢量。

在实际工程应用中，采用第二类方法计算开挖荷载 $\{F_{ex}\}$ 比较方便，因为计算域已经被剖分成单元，这样精度也较高，本书开挖计算中所采用的即为第二类方法。

3.3　岩体开挖松弛的主拉应变判别准则

3.3.1　主拉应变判据的提出

目前，用于建立岩体松弛判断准则的物理量有位移、应力、应变、点安全度等。一般

我们都能认识到，建基面开挖后在回弹位移大、应力下降幅度大、抗拉点安全度小的部位更易发生松弛现象，但要得到一个绝对的指标来判断建基面岩体是否会发生松弛却不容易。国内外已建、在建大型水电工程（小湾、锦屏一级等）的诸多地质资料表明，损伤松弛现象产生的质变阶段为“产生微张拉层裂”，而这种微裂隙不同于诸如温度应力、结构应力等引起的垂直于坡面的开裂裂缝：其产生是因为在某个方向（一般为与坡面成大角度方向）上的应变超过了材料的极限拉伸应变，从而出现垂直于该方向的层状裂缝，即层裂现象。这种层裂微裂隙如果在基岩应力进一步调整过程中继续扩展，将会导致局部岩体结构损坏。因此，岩石材料的极限拉伸应变能够反映开挖损伤松弛的本质和机理，而岩石的极限拉伸应变又可以通过试验获得，这就为建立一个量化的、较为客观的判别准则提供了可能。

大量的岩石力学试验表明，当围压较小时，硬岩呈脆性（沈蓉，1997），且试件的最终破坏表现为各产状微裂隙顺主压应力方向扩展而导致岩石试件解体，断裂力学对此亦有定量的解释。这种破坏也就是大坝建基面开挖松弛的机理。对含大量微裂隙的岩石，由于其扩展过程很难定量追踪，因此笔者提出采用主拉应变准则进行松弛判断。

考察如图 3-4 所示的单轴试验，在主压应力 σ_3 作用下，由于泊松效应，试件横向产生拉应变 ε_1，其中包含微裂隙扩展的部分。假如可以通过实验测定试件破坏时的岩石极限拉伸应变值 ε_l，则可用 $\varepsilon_1 > \varepsilon_l$ 作为岩体可能发生以张裂纹扩展为特征的破坏准则。

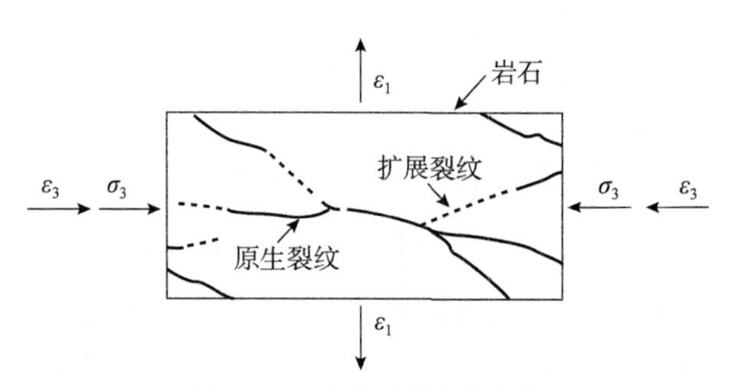

图 3-4　含多条微裂纹的岩体

若考察如图 3-5 所示的边坡开挖过程，我们可以看出，随着边坡的下挖，顺边坡表面的主压应力 σ_3 产生调整甚至增加，而与边坡表面垂直的方向，应力 σ_1 基本卸除。这两方面因素都促使边坡表面产生较大的拉应变 ε_1，而且高程越低，其主拉应变量值亦越大。当该拉应变超过岩石极限拉伸应变值 ε_l 时，则可能发生松弛破坏。如原先开挖面以下岩体存在与边坡坡面方向接近的裂隙、节理或隐节理，则岩体极限拉伸应变值 ε_l 会大幅度地降低，极可能诱发顺开挖面方向浅层裂缝为特征的松弛现象。

3.3.2　岩石极限拉伸应变的取值原则

岩石的极限拉伸应变可以通过试验获得，但目前此类试验主要用于混凝土材料，针对岩石材料的极限拉伸应变测试试验极少，表 3-1 为通过室内试验得到的几种常见岩石的极限拉伸应变值 ε_l。

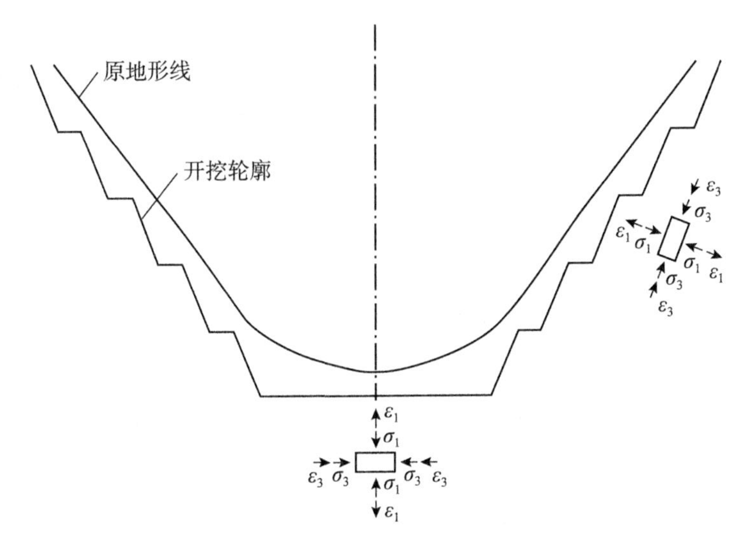

图 3-5　边坡开挖示意图

表 3-1　　**常见岩石的极限拉伸应变值（室内试验资料）**

岩石名称	岩芯规格（mm）	试件高与直径比 h/d	极限拉伸应变值 ε_l
石英岩 A	41	2.0	0.000120
石英岩 B	41	2.0	0.000109
石英岩 C	28	2.0	0.000081
石英岩 D	41	2.0	0.000130
石英岩 E	41	2.0	0.000152
熔岩 A	41	2.0	0.000153
熔岩 B	41	2.0	0.000138
玄武岩	41	2.0	0.000175
苏长岩	54	2.5	0.000173
砾岩 A	41	2.0	0.000086
砾岩 B	41	2.0	0.000073
砾岩 C	41	2.0	0.000083
砂岩	41	2.0	0.000090
页岩 A	41	2.0	0.000116
页岩 B	41	2.0	0.000150
页岩 C	28	2.0	0.000095

由于岩石材料的极限拉伸应变试验极难开展，因此如何获取其合理取值成为一个亟待解决的问题。对于混凝土材料，其极限拉伸应变与抗拉强度和弹性模量的比值之间存在很强的正比规律性，即 ε_l 与 σ_t/E 存在较为一致的正相关性。受此启发，笔者对岩石材料的类似规律也进行了搜集和分析，根据表 3-1 试验数据以及相应岩石材料的平均抗拉强度及变形模量，分析结果如表 3-2 所示。

表 3-2　　岩石材料的 ε_l 与 σ_t/E 对照表（$\times10^{-5}$）

岩石	石英岩	玄武岩	砾岩	砂 岩	页 岩	花岗片麻岩（小湾）
ε_l（均值）	11.66	17.5	8.07	9.0	12.03	20.0*
σ_t/E（均值）	15.4	21.3	14.5	23.4	10.5	15.8

*注：该值为小湾工程拱坝建基面开挖松弛分析实际采用值（非试验值）。

从表 3-2 中可以看出：① ε_l 与 σ_t/E 在一个数量级且数值相差不大；② σ_t/E 值大于 ε_l（仅页岩例外），幅度一般为 20%～60%。

基于以上岩石材料力学指标对比分析，岩石极限拉伸应变值 ε_l 与其抗拉强度和弹性模量的比值 σ_t/E 之间的正相关性规律较好，而后者通过一般性的岩石力学试验可以容易获取，前者可以根据后者来确定，其式如下：

$$\varepsilon_l = k_s k_r \frac{\sigma_t}{E} \tag{3-8}$$

式中：k_s 为考虑现场岩体尺寸效应的修正系数；k_r 为考虑岩体结构（如断层、软弱岩带等）的修正系数。实际取值时可根据需要参考经验判断或工程类比。

3.3.3　最大主拉应变计算方法

在开挖松弛分析中利用主拉应变判据进行松弛判断时，首先需根据开挖计算应力应变结果获得基岩的总应变场，然后根据高斯点应变换算得到岩体的最大主拉应变值。需要注意的是，这里所说的总应变 $\{\varepsilon\}_{all}$ 不仅是基岩开挖过程中的应变增量，还包括初始地应力场作用下的初始应变 $\{\varepsilon\}_{ini}$ 和开挖过程中的应变增量 $\{\varepsilon\}_{ex}$ 两部分：后者比较容易由位移场求导得到，对于前者，可以通过高斯点的初始应力和材料的弹性矩阵逆阵计算近似得到（因假设初应变为弹性，故为近似）。

具体计算方法为：总应变等于初始应力场反演得到的初始应变和开挖引起的增量应变的叠加，然后求出总应变场各节点的最大主拉应变 ε_1，用 ε_1 和 ε_l 的大小关系来判断材料是否松弛破坏，即

$$\{\varepsilon\}_{all} = \{\varepsilon\}_{ini} + \{\varepsilon\}_{ex} \tag{3-9}$$

初应变和开挖引起的增量应变可由式（3-10）和式（3-11）近似求得：

$$\{\varepsilon\}_{ini} = [D]^{-1} \times \{\sigma\}_{ini} \tag{3-10}$$

$$\{\varepsilon\}_{ex} = [B] \times \{u\}_{ex} \tag{3-11}$$

上述各式中：$[D]$ 为材料的弹性矩阵；$[B]$ 为应变矩阵；$\{\sigma\}_{ini}$ 为初应力；$\{u\}_{ex}$ 为开挖引起

的位移。

3.4 松弛效应的实用有限元算法

3.4.1 松弛算法的提出

在坝基岩体的开挖中，由于开挖损伤松弛效应的影响，岩体中会出现新生裂隙及原有裂隙的扩展，从而引起岩体宏观力学参数的降低，使基岩发生应力与位移的变化。如果上述力学参数的劣化过程可由现场试验获得，则利用该变化规律在常规弹塑性或弹黏塑性理论框架内建立岩体松弛效应的有限元算法最具现实意义。

目前，国内外许多学者在这方面做过一些有益尝试，但由于对松弛力学模型的某些关键技术把握不准，导致其分析中存在一些问题，与实际监测成果存在较大差距。例如，有学者曾经假定在弹塑性分析中把弹性模量等量直接降低形成弹塑性矩阵和刚度矩阵即可，对弹性模量降低后由于弹性应变能变化引起的后续体积变形却忽略不计，而实际上这种由于弹性参数改变引起的变形是十分重要的。

本书在建立岩体松弛效应分析的有限元算法时，为克服之前研究中存在的不足，针对岩体松弛前后宏观力学参数的降低，将松弛过程分为弹性松弛和塑性松弛分别进行分析。

3.4.2 弹塑性松弛算法及流程图

对于岩体开挖松弛效应的分析，一般存在弹性指标和强度指标的变化。本书基于岩体开挖松弛的机理，采用主拉应变准则作为松弛判据，并考虑了上述力学指标的变化，编制了松弛效应的有限元程序。其中，对于弹性指标变化产生的弹性松弛效应，主要采用约束-松弛算法进行模拟；而对于强度指标变化导致的塑性松弛效应，则采用常规非线性有限元法分析即可。岩体松弛效应分析的有限元算法具体流程如图 3-6 所示。

（1）弹性指标的变化，需进行弹性松弛分析，笔者建议采用如下的约束-松弛算法。

①计算无应变时岩体松弛后的应力。

若 t 时步岩体的应变 $\{\varepsilon\}_t$ 为

$$\{\varepsilon\}_t = [D]_t^{-1}\{\sigma\}_t \tag{3-12}$$

式中：$[D]_t$ 为 t 时步岩体弹性参数所形成的弹性矩阵；$\{\sigma\}_t$ 为该状态下的应力。

若在时步长 Δt 后，岩体弹性矩阵由 $[D]_t$ 变化到 $[D]_{t+\Delta t}$，则岩体在无应变情况下的应力为

$$\{\sigma\}'_{t+\Delta t} = [D]_{t+\Delta t}\{\varepsilon\}_t \tag{3-13}$$

将式（3-12）代入式（3-13），可得：

$$\{\sigma\}'_{t+\Delta t} = [D]_{t+\Delta t}[D]_t^{-1}\{\sigma\}_t \tag{3-14}$$

②计算不平衡力的释放影响。

图 3-7（a）表示边坡岩体的某一单元在 t 时步的受力状态，P_t 为周边单元对它的作用力；图 3-7（b）表示图 3-7（a）中单元在 $t+\Delta t$ 时步的受力状态，$P_{t+\Delta t}$ 为周边单元对它的作用力；图 3-7（c）表示由图 3-7（a）所示状态变至图 3-7（b）所示状态时该单元所受

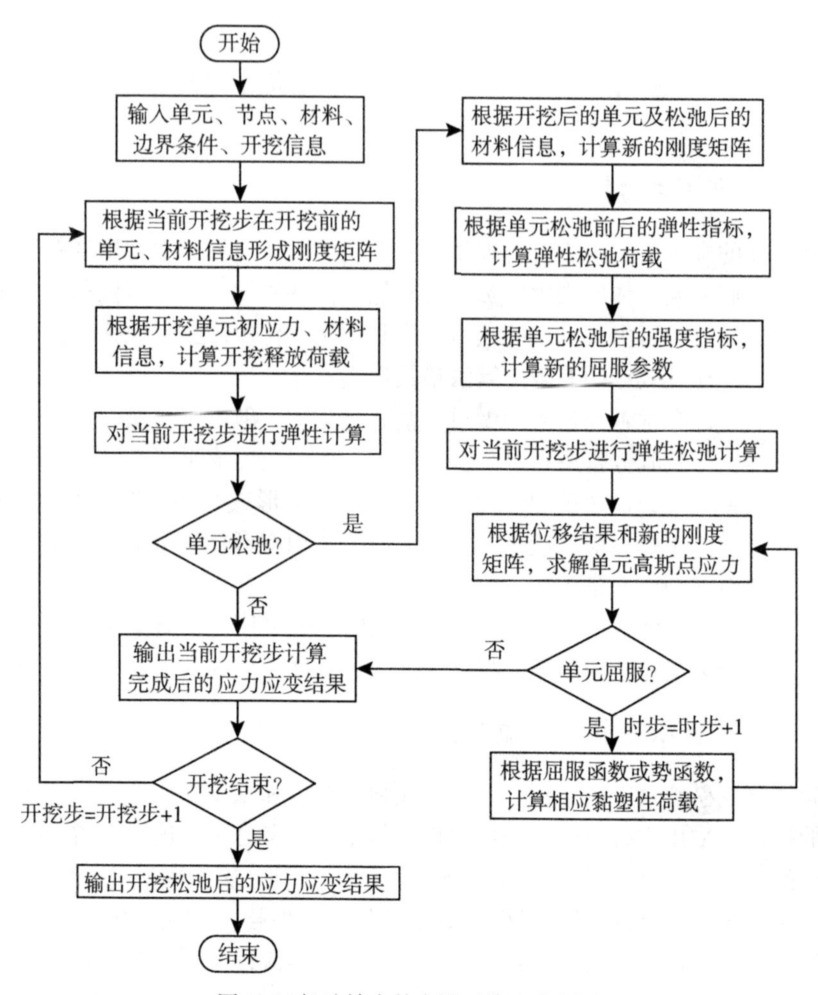

图 3-6　松弛效应的有限元算法流程图

的等效节点力 $\{Q\}_{t+\Delta t}$，即为不平衡力。

由图 3-7 可看出，不平衡力 $\{Q\}_{t+\Delta t}$ 可由边坡岩体在 t 时步应力 $\{\sigma\}_t$ 与无应变时的应力 $\{\sigma\}'_{t+\Delta t}$ 之差计算，即

$$\{Q\}_{t+\Delta t} = \int_v [B]^{\mathrm{T}}(\{\sigma\}_t - \{\sigma\}'_{t+\Delta t})\,\mathrm{d}v \tag{3-15}$$

以此不平衡力作为荷载，进行有限元分析，得到应力增量 $\{\Delta\sigma\}_{t+\Delta t}$ 与应变增量 $\{\Delta\varepsilon\}_{t+\Delta t}$，则 $t+\Delta t$ 时步岩体的应力应变分别为

$$\{\sigma\}_{t+\Delta t} = \{\sigma\}'_{t+\Delta t} + \{\Delta\sigma\}_{t+\Delta t} \tag{3-16}$$

$$\{\varepsilon\}_{t+\Delta t} = \{\varepsilon\}_t + \{\Delta\varepsilon\}_{t+\Delta t} \tag{3-17}$$

（2）强度指标的变化，采用常规非线性有限元法分析即可。若采用弹黏塑性理论，则 Δt 时步的应变增量为（为使公式简洁，以下公式中各符号均省略与时步有关的下标 t）

$$\{\Delta\varepsilon\} = \{\Delta\varepsilon^{e}\} + \{\Delta\varepsilon^{vp}\} \tag{3-18}$$

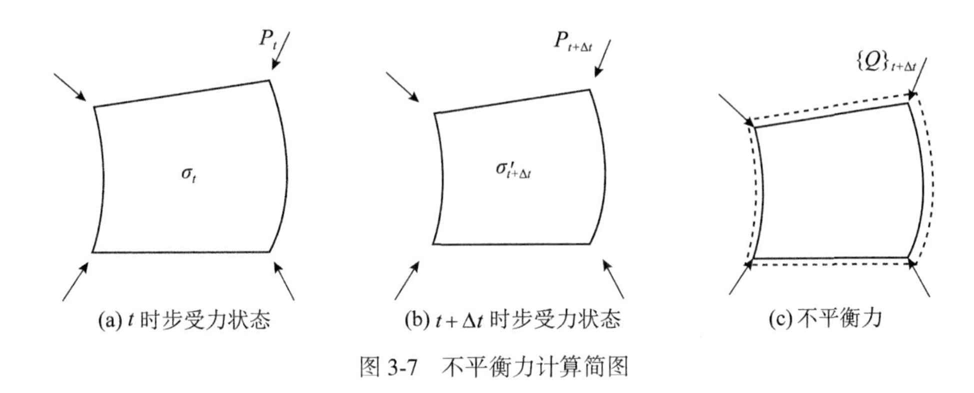

图 3-7　不平衡力计算简图

式中：$\{\Delta\varepsilon^{e}\}$ 为弹性应变增量；$\{\Delta\varepsilon^{vp}\}$ 为黏塑性应变增量。

根据弹黏塑性势理论（Owen et al.，1980；Chen，2015），Δt 时步内弹性应变增量产生的应力增量为

$$\{\Delta\sigma\} = [D](\{\Delta\varepsilon\} - \{\dot{\varepsilon}^{vp}\}\Delta t) \tag{3-19}$$

应变增量 $\{\Delta\varepsilon\}$ 由 t 时步弹性矩阵 $[D]$ 产生的应力为

$$\{\Delta\sigma\}' = [D]\{\Delta\varepsilon\} \tag{3-20}$$

由于 Δt 时步迭代调整后应力必在屈服面上，故该迭代步需转移的应力即为黏塑性应变 $\{\Delta\varepsilon^{vp}\}$ 由 t 时步弹性矩阵 $[D]$ 产生的应力，则不平衡力 $\{R\}$ 为

$$\{R\} = \int_v [B]^{\mathrm{T}}[D]\{\Delta\varepsilon^{vp}\}\mathrm{d}v = \int_v [B]^{\mathrm{T}}[D]\{\dot{\varepsilon}^{vp}\}\Delta t\mathrm{d}v \tag{3-21}$$

其中，

$$\{\dot{\varepsilon}^{vp}\} = \gamma\langle F\rangle\left\{\frac{\partial Q}{\partial\sigma}\right\} \tag{3-22}$$

式中：$\{\dot{\varepsilon}^{vp}\}$ 为黏塑性应变率；γ 为流变参数；F 为屈服函数；Q 为势函数。

当 $F=Q$ 时，黏塑性流动是关联的；当 $F\neq Q$ 时，黏塑性流动是非关联的。

在编制程序中，岩体松弛后弹性指标突降段按跳跃处理。首先根据松弛后的弹性模量形成新的刚度矩阵，然后施加由于弹性模量突降所产生的不平衡力 Q，进而得出弹性模量变化所产生的位移和应力。塑性计算中由于同样采用松弛后新的刚度矩阵，在利用松弛后的强度指标（c、f）进行迭代时，弹性模量突降对计算的收敛性并无较大影响（周华等，2009；Chen，2015）。

3.5　算例考证

3.5.1　有限元计算模型及条件

本章算例仍采用第2章初始地应力反演中的子模型，初始地应力场也沿用二次计算后的应力场，但对该模型的材料分区稍微进行了调整，即子模型中的两岸边坡和河谷风化岩

体作为开挖松弛计算模型的开挖区材料，且在原先河谷部位风化岩体下部划分了一个深度为30m的松弛区。图3-8为开挖松弛计算模型剖面图与有限元网格，它共剖分为10006个单元，20430个节点，其中开挖单元数为547，松弛区单元数为104。开挖过程的模拟大致为：共分为7个开挖步，每50m一个台阶平层开挖。松弛区外的其他基岩参数见第2章表2-1，河谷开挖面以下岩体松弛前后变形及强度参数对比如表3-3所示。

松弛仿真计算的过程大致为：首先对每个开挖步进行弹黏塑性计算，直至开挖完成；然后针对河谷下部的松弛岩体分别进行弹性松弛和塑性松弛计算，直至计算收敛。边界条件：有限元模型的左、右两侧边界分别施加 x 轴向法向约束，前、后两侧边界分别施加 y 轴向法向约束，底面边界施加 z 轴向法向约束。

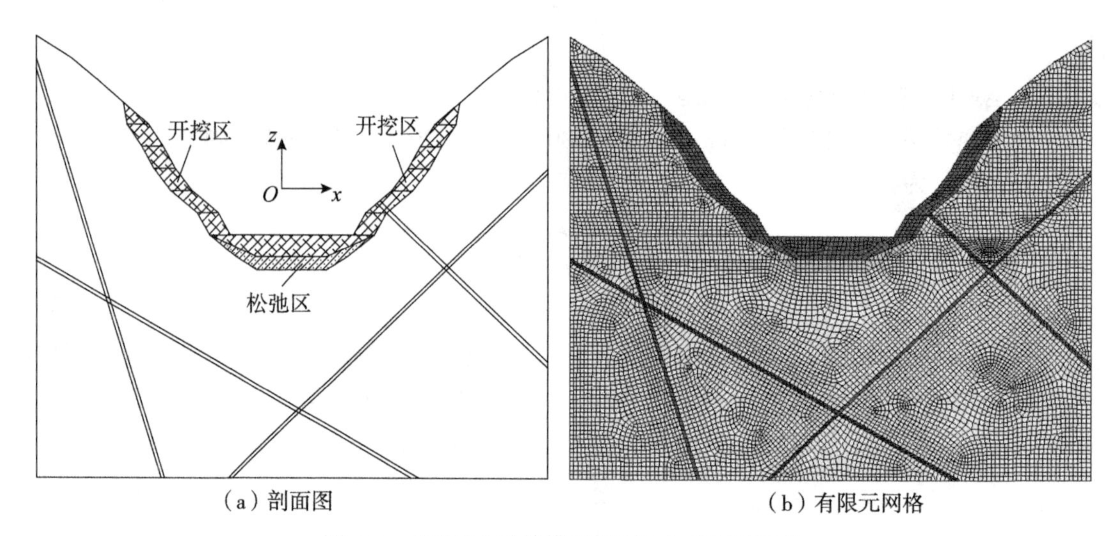

（a）剖面图　　（b）有限元网格

图3-8　开挖松弛计算模型剖面图与有限元网格

表3-3　**开挖面以下岩体松弛前后变形及强度参数对比**

松弛状态	弹性模量 E（GPa）	泊松比 μ	黏聚力 c（MPa）	内摩擦角 φ（°）
松弛前	25	0.22	2.60	56.31
松弛后	12	0.28	1.20	30.00

3.5.2　开挖松弛效应分析

图3-9和图3-10分别为岩体开挖松弛后的合位移和应力矢量图。从合位移矢量图可以看出：开挖松弛后，开挖面上所有节点位移矢量均指向临空面，且铅直向位移均为正。其中，河谷部位开挖面位移矢量主要为铅直向，向上位移40~43mm，开挖面以下铅直向位移随着埋深的增加而逐渐降低；两岸边坡开挖面位移矢量方向基本垂直于坡面，其量值明显低于河谷部位。另外，从应力矢量图（图3-10）我们可以看出：横河向剖面两岸边

坡主压应力基本沿顺坡向，河谷部位主应力方向平行河谷，量值为 7~9MPa；随着埋深增加，最大主应力大小也逐渐增大，其应力矢量方向也逐渐偏转。整体而言，开挖松弛后的应力应变分布符合一般规律。

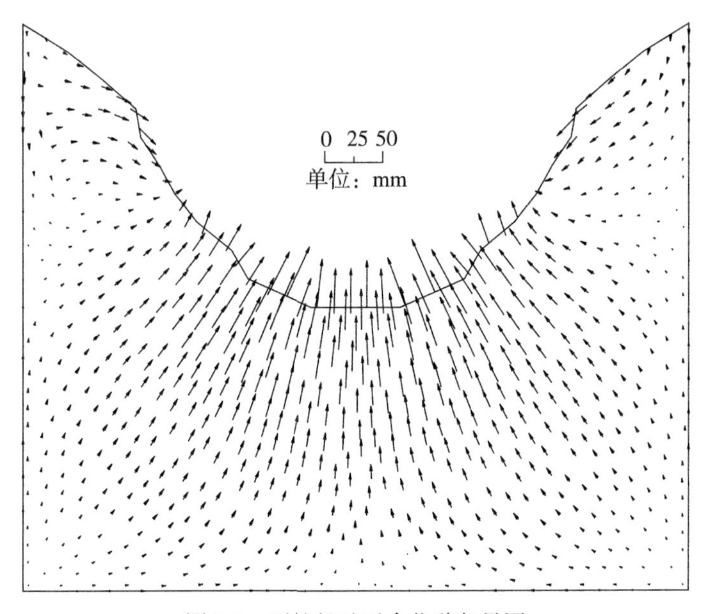

图 3-9　开挖松弛后合位移矢量图

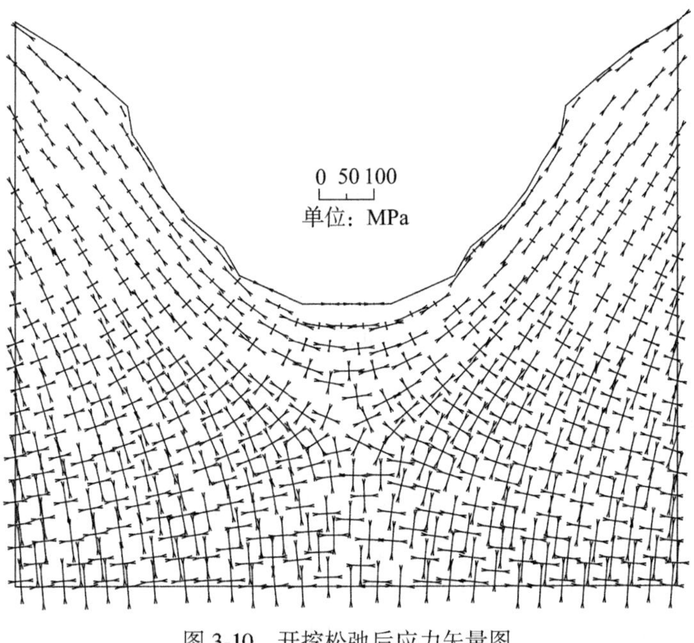

图 3-10　开挖松弛后应力矢量图

图 3-11 为弹塑性松弛计算增量位移矢量图，从中我们可以看出：岩体弹塑性松弛后，该范围岩体均产生指向临空面的位移，其中河谷部位量值为 2~7mm，低高程岸坡部位量值为 8~14mm；松弛区以外一定范围内的岩体位移也略有变化，但量值均较小。图 3-12 为河谷中心以下特征点松弛前后铅直向合位移随高程变化曲线，从中分析可知：对开挖后的位移总量来说，弹塑性松弛仅对河谷部位以下松弛区深度范围附近的岩体变形产生显著影响，河谷表面铅直向位移增加约 3mm；随着深度的增加，其增幅越来越小，超过约 70m 深度后会出现开挖位移反超开挖松弛位移的现象，而后松弛前后位移场差值逐渐变小，位移对比曲线逐渐重合。可以认为，由于浅部松弛现象出现，导致较大范围位移出现变化，且尤以浅部最为显著。

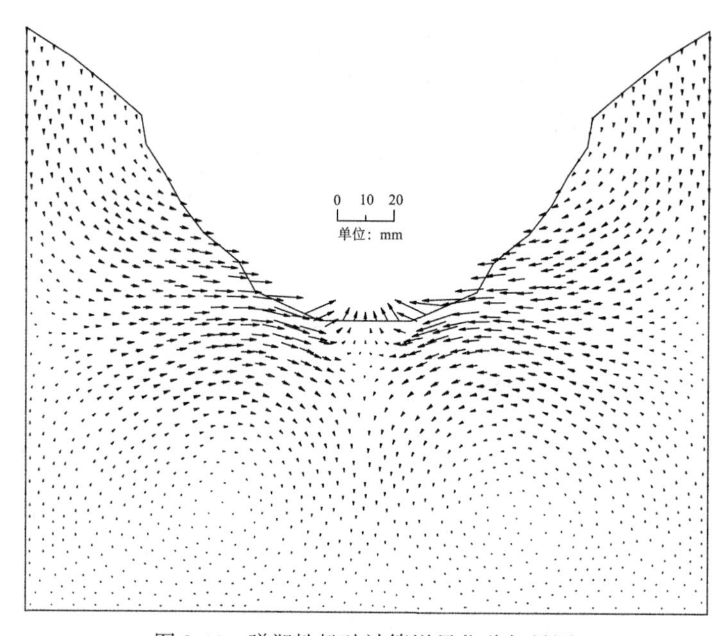

图 3-11　弹塑性松弛计算增量位移矢量图

图 3-13 为开挖松弛后横河向剖面第一主应变等值线图，从中我们可以看出：开挖松弛后开挖面以下岩体第一主应变呈层状分布，浅层以主拉应变为主，随深度的增加其量值逐渐减小，且由拉应变过渡为压应变。若采用主拉应变松弛判据进行判断，开挖面浅部发生损伤松弛的可能性较大。由于有限元模型中考虑了断层等因素的影响，导致在这些部位位移量值明显高于周边岩体，主应变量值也较高。

图 3-14 为河谷中心以下特征点主拉应变与主压应力随高程变化曲线。从图 3-14（a）中可以看出，初始地应力产生的应变、开挖未松弛和开挖松弛后河谷中心以下特征点第一主应变随高程变化规律大体一致。由于受岩体开挖回弹影响，开挖未松弛的总应变量值较开挖前初始地应力场产生的应变有所增大；同时，由于松弛过程中的回弹作用，开挖松弛后的总应变在浅部 30m 深度内比开挖未松弛的量值明显增大，超过 30m 深度后应变甚微。其中，以河谷开挖面最为显著，主应变由初始状态的 9.1×10^{-5} 分别增加至开挖未松弛状

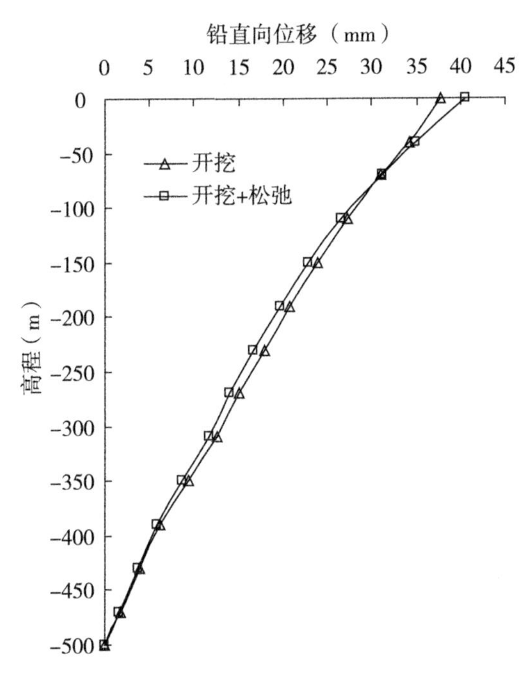

图 3-12　河谷中心以下特征点松弛前后铅直向合位移随高程变化曲线

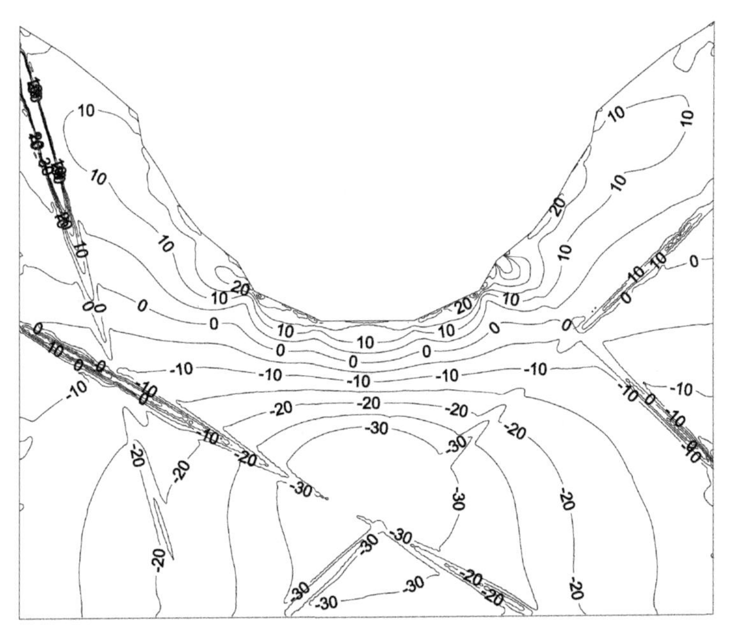

图 3-13　开挖松弛后横河向剖面第一主应变等值线图（$\times10^{-5}$）

态的 1.45×10^{-4}、开挖松弛后的 2.42×10^{-4}，增幅分别 61%、169%。这说明，开挖松弛仅对开挖面以下一定深度范围内岩体主应变有较大影响，对该范围以外的岩体影响较小。同

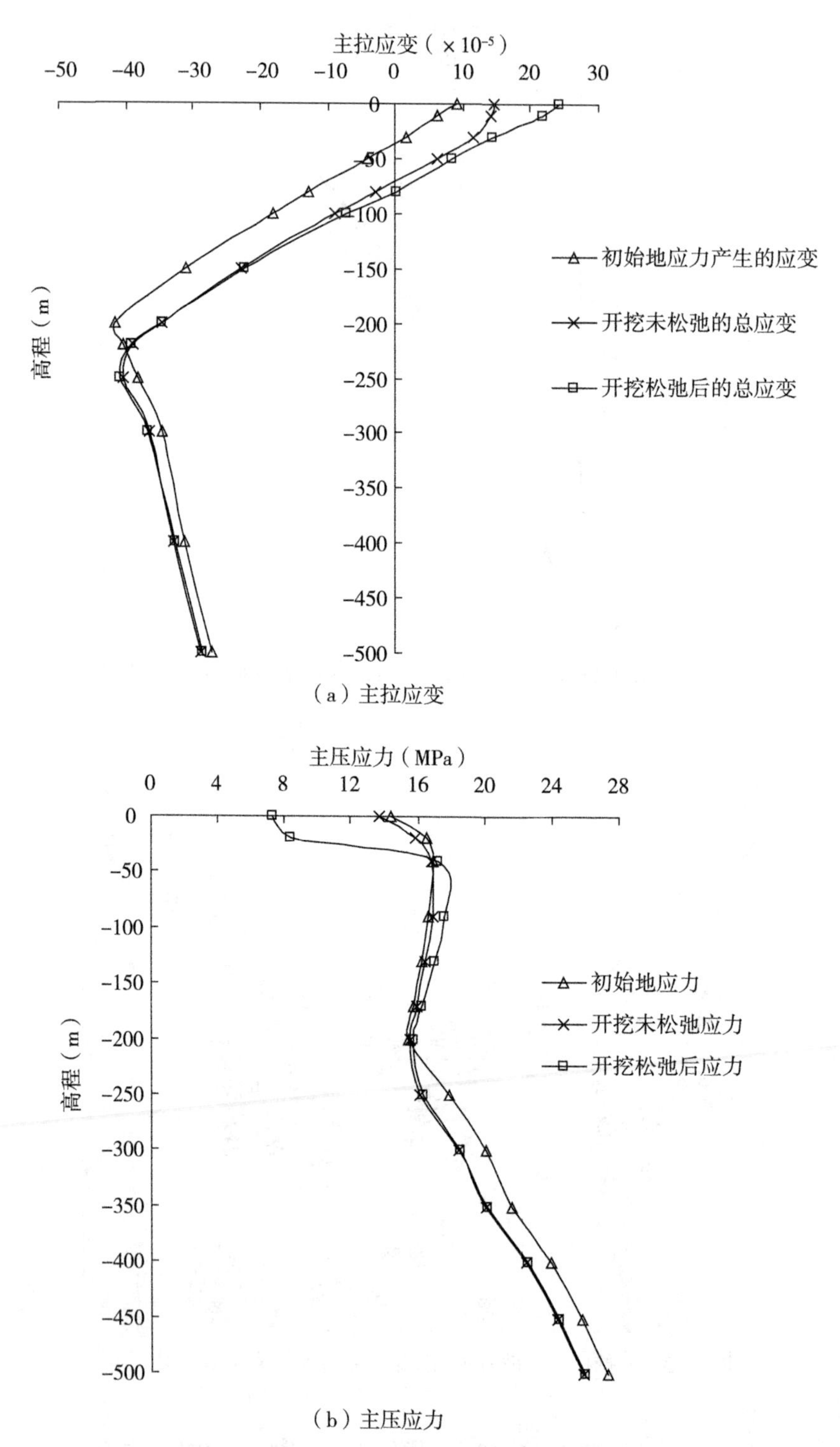

（a）主拉应变

（b）主压应力

图 3-14　河谷中心以下特征点主拉应变与主压应力随高程变化曲线

时结合图 3-13 分析可知：若采用主拉应变准则来判断是否松弛，且开挖面以下岩体的极限拉伸应变值取为 2.0×10^{-4}，则最大松弛深度约为 15m；若极限拉伸应变值取为 1.5×10^{-4}，则最大松弛深度约为 30m。

由图 3-14（b）可以看出，由于松弛后河谷开挖面以下岩体弹性指标和强度指标均有大幅降低，导致浅部主压应力水平降低，且距离开挖面越近，降幅亦越大。其中，河谷表面主压应力由初始状态的 14.40MPa 分别降至开挖未松弛状态的 13.70MPa、开挖松弛后的 7.33MPa，降幅分别为 5%、49%。前者主要是由开挖过程中开挖面法向应力释放产生，后者则主要是由于松弛过程中岩体材料力学参数降低所造成的应力骤降。而且，特征点在松弛前后的主压应力在距开挖面 40m 范围内随着深度的增加，其降幅越来越小，超过此深度后松弛应力场呈现反超初始地应力场的现象，而后随着埋深的增加，松弛前后应力差值逐渐变小，在约 200m 深度时两者基本重合。我们可以认为，在松弛过程中，由于浅部应力释放，导致应力向深部岩体转移，进而出现较大范围应力重分布现象。但超过此深度后，开挖未松弛以及开挖松弛后的主应力均比初始地应力明显降低，这主要是由开挖过程中的上覆岩体应力释放所造成的底部应力调整。

3.6　本章小结

本章首先阐述了岩体松弛的主要问题及开挖松弛计算的有限元基本理论，然后基于大坝建基面开挖松弛机理和大量岩石力学试验提出了一套新的主拉应变松弛判据，并建立了岩体松弛效应的实用有限元算法，最后利用所建立的松弛判据和算法对假定的水电工程坝址区横河向剖面开挖松弛问题进行了分析。研究结果表明：①开挖面以下岩体松弛后，主要在松弛区附近产生指向临空面的回弹位移，松弛区以外岩体位移基本无显著变化。另外，开挖松弛后浅部岩体主拉应变量值有明显增加，若采用主拉应变准则来判断是否松弛，且根据现场资料合理确定岩体的极限拉伸应变值，就能够对松弛范围进行定量判断。②岩体松弛后，由于浅层应力释放，导致应力向深部转移，进而出现较大范围应力重分布现象，符合应力调整的一般规律。

第4章　损伤松弛区裂隙岩体弹性模量的等效算法

裂隙岩体是由岩块作为基体与存在于其中的大量结构面所共同组成的统一体，其力学性质的复杂性主要体现为岩体受节理裂隙和断层的切割。若不考虑结构面的影响，岩体可以作为均匀介质来考虑，但是这些错综复杂结构面的存在，使岩体的力学性质远比金属材料复杂。而且，存在于岩体中具有不同分布形式的节理裂隙，对岩体的影响也各异。同时，由于节理岩体性质原位测试的高费用及测试结果的离散性，使得寻求岩块力学参数和节理性质与岩体力学特性之间的数学关系成为解决岩体力学问题的重要研究方面。在实际工程数值仿真计算中，受岩体力学参数及计算水平等因素制约，往往需要对各向异性的裂隙岩体综合力学特性进行定量描述，如表征材料弹性变形特性的弹性模量等。因此，建立合理的裂隙岩体等效弹性模量算法成为有限元计算的重要前提之一。

4.1　算法提出的工程背景

在实际工程中，大部分开挖损伤松弛中裂隙的产生、张开或扩展都是随时间而逐步发展的，也就是说，开挖损伤松弛具有时间效应。国内外许多大型水电工程现场监测资料都验证了这一点，例如：拉西瓦和锦屏一级拱坝建基面开挖的监测资料表明，损伤松弛的时效发展在开挖后的前3个月内较为明显，在6个月后基本稳定；另外，小湾工程监测成果也表明，河床建基面虽然深挖，但大坝混凝土浇筑后坝基盖重增加，岩体部分应力得到恢复，卸荷裂隙被压密，张开度减小甚至闭合，同时配之以固结灌浆处理，坝基岩体纵波波速也有相应提高，垂直于裂隙面方向岩体的变形模量增大，这也是一个具有时间效应的逆向缓变过程。

在前面第3章中，基于岩体松弛机理，我们已经提出一套实用的松弛效应有限元算法，它主要用来模拟坝基开挖期间的岩体松弛效应。由于开挖卸荷导致的岩体松弛现象历时较长，因此如何有效模拟坝体混凝土浇筑期间的后续松弛效应成为施工后期亟待解决的难题。本书主要结合国内外大型水电工程浇坝期间松弛岩体卸荷裂隙被压密的现象，提出了损伤松弛区裂隙岩体弹性模量的等效算法，用于模拟松弛岩体逆向缓变过程以及此过程中裂隙岩体的各向异性特性，以期合理反映其后续松弛效应。该算法主要基于节理岩体流变模型的两条基本原则，通过建立松弛岩体裂隙面刚度系数与法向应力的关系，从而推导出松弛岩体的等效弹性模量计算公式。

4.2　节理岩体流变模型

4.2.1　流变模型基本原则

目前，国内外有许多学者对节理岩体（Chen et al.，1994；Chen et al.，1999；Chen，2015）的模拟方法进行了研究，取得了丰富的成果。节理岩体的流变模型一般可由图 4-1 表示，它具备以下两条基本原则。

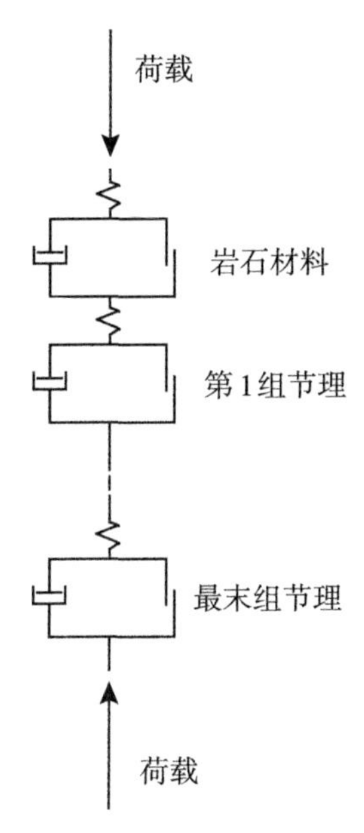

图 4-1　节理岩体流变模型

（1）应变叠加原则：节理岩体的应变增量等于岩块与各组节理的应变增量之和。

（2）应力一致原则：节理岩体、岩块和各组节理的应力增量相等。

4.2.2　基本原则的公式化

在弹黏塑性有限元计算中，节理岩体流变模型的两条基本原则可分别表示如下（上标 n 表示时步，小写字母下标表示在局部坐标下的量，大写字母下标表示在整体坐标下的量，不带下标则表示等效后的节理岩体的量）：

（1）应变叠加原则：

$$\{\Delta\varepsilon\}^n = \{\Delta\varepsilon\}_R^n + \sum_J \{\Delta\varepsilon\}_J^n \tag{4-1}$$

式中：R 表示岩块；J 表示第 J 组节理。

（2）应力一致原则：

$$\{\Delta\sigma\}^n = \{\Delta\sigma\}_R^n = \{\Delta\sigma\}_J^n \tag{4-2}$$

4.2.3 节理岩体各组分的隐式弹黏塑性本构关系

为建立节理岩体的隐式弹黏塑性本构关系，首先需建立各组分的隐式弹黏塑性本构关系，然后按流变模型的两条原则进行组合。

根据弹黏塑性势理论（Owen et al.，1980；Chen，2015），各组分的隐式弹黏塑性本构关系均可写成：

$$\{\Delta\sigma\}^n = [\hat{D}]^n(\{\Delta\varepsilon\}^n - \{\dot{\varepsilon}^{vp}\}^n\Delta t_n) \tag{4-3}$$

或

$$\{\Delta\varepsilon\}^n = ([\hat{D}]^n)^{-1}\{\Delta\sigma\}^n + \{\Delta\dot{\varepsilon}^{vp}\}^n\Delta t_n) \tag{4-4}$$

其中，隐式弹性矩阵表示为

$$[\hat{D}]^n = ([D]^{-1} + [C]^n)^{-1} \tag{4-5}$$

$$[C]^n = \Theta\Delta t_n[H]^n \tag{4-6}$$

式中：Θ 是隐式参数；Δt_n 是在时间 t_n 的时步长；$[D]$、$\{\dot{\varepsilon}^{vp}\}^n$ 和 $[H]^n$ 分别是弹性矩阵、黏塑性应变率和隐式矩阵。

1. 岩块的隐式弹黏塑性本构关系

弹性矩阵：

$$[D]_R = \begin{pmatrix} \lambda_R + 2G_R & \lambda_R & \lambda_R & 0 & 0 & 0 \\ & \lambda_R + 2G_R & \lambda_R & 0 & 0 & 0 \\ & & \lambda_R + 2G_R & 0 & 0 & 0 \\ & & & G_R & 0 & 0 \\ & \text{SYM.} & & & G_R & 0 \\ & & & & & G_R \end{pmatrix} \tag{4-7}$$

对岩块采用 Drucker-Prager 屈服准则：

$$\begin{cases} F_R = aI_1 + \sqrt{J_2} - k = 0 \\ a = \dfrac{\sin\varphi_R}{\sqrt{3(3 + \sin^2\varphi_R)}} \\ k = \dfrac{\sqrt{3}c_R\cos\varphi_R}{\sqrt{3 + \sin^2\varphi_R}} \end{cases} \tag{4-8}$$

式中：φ_R 和 c_R 是内摩擦角和黏聚力。

假定关联流动法则成立，即

$$Q_R = F_R \tag{4-9}$$

则黏塑性应变率：

$$\{\dot{\varepsilon}^{vp}\}_R^n = \gamma_R < F_R > \left\{\frac{\partial F_R}{\partial\{\sigma\}}\right\} \tag{4-10}$$

式中：γ_R 为流变参数。

隐式矩阵：

$$[H]_R^n = \gamma_R \left[F_R \frac{\partial \{a\}_R^{\mathrm{T}}}{\partial \{\sigma\}} + \{a\}^R \{a\}_R^{\mathrm{T}} \right] \tag{4-11}$$

式中：

$$\{a\}_R^{\mathrm{T}} = \frac{\partial F_R}{\partial \{\sigma\}} = [A] + [B] \tag{4-12}$$

$$[A] = (a \quad a \quad a \quad 0 \quad 0 \quad 0) \tag{4-13}$$

$$[B] = \frac{1}{2\sqrt{J_2}} (\sigma'_x \quad \sigma'_y \quad \sigma'_z \quad 2\tau_{yz} \quad 2\tau_{zx} \quad 2\tau_{xy}) \tag{4-14}$$

$$\frac{\partial \{a\}_R^{\mathrm{T}}}{\partial \{\sigma\}} = \frac{\partial [B]}{\partial \{\sigma\}} = \frac{1}{2\sqrt{J_2}} [M_2] - \frac{1}{2\,(J_2)^{3/2}} [M_1] \tag{4-15}$$

$$[M_1] = \begin{pmatrix} \sigma'^2_x & \sigma'_x\sigma'_y & \sigma'_x\sigma'_z & 2\sigma'_x\tau_{yz} & 2\sigma'_x\tau_{zx} & 2\sigma'_x\tau_{xy} \\ & \sigma'^2_y & \sigma'_y\sigma'_z & 2\sigma'_y\tau_{yz} & 2\sigma'_y\tau_{zx} & 2\sigma'_y\tau_{xy} \\ & & \sigma'^2_z & 2\sigma'_z\tau_{yz} & 2\sigma'_z\tau_{zx} & 2\sigma'_z\tau_{xy} \\ & & & 4\tau^2_{yz} & 4\tau_{yz}\tau_{zx} & 4\tau_{yz}\tau_{xy} \\ & \text{SYM.} & & & 4\tau^2_{zx} & 4\tau_{zx}\tau_{xy} \\ & & & & & 4\tau^2_{xy} \end{pmatrix} \tag{4-16}$$

$$[M_2] = \begin{pmatrix} 2/3 & -1/3 & -1/3 & 0 & 0 & 0 \\ & 2/3 & -1/3 & 0 & 0 & 0 \\ & & 2/3 & 0 & 0 & 0 \\ & & & 2 & 0 & 0 \\ & \text{SYM.} & & & 2 & 0 \\ & & & & & 2 \end{pmatrix} \tag{4-17}$$

2. 节理的隐式弹黏塑性本构关系

弹性矩阵：

$$[D]_j = d_j \begin{pmatrix} 0 & 0 & 0 & 0 & 0 & 0 \\ & 0 & 0 & 0 & 0 & 0 \\ & & k_{nj} & 0 & 0 & 0 \\ & & & k_{tj} & 0 & 0 \\ & \text{SYM.} & & & k_{tj} & 0 \\ & & & & & 0 \end{pmatrix} \tag{4-18}$$

式中：k_{nj} 和 k_{tj} 为法向和切向刚度系数；d_j 为节理间距。

黏塑性应变率：

$$\{\dot{\varepsilon}^{vp}\}_j^n = \gamma_j < F_j > \left\{ \frac{\partial F_j}{\partial \{\sigma\}_j} \right\} \tag{4-19}$$

屈服函数取 Mohr-Coulomb 模型：

$$
\begin{cases}
F_j = (\tau_{zxj}^2 + \tau_{yzj}^2)^{\frac{1}{2}} + \sigma_{zj}\tan\varphi_j - c_j, & \sigma_{zj} - \sigma_T < 0 \\
F_j = (\tau_{zxj}^2 + \tau_{yzj}^2 + \sigma_{zj}^2)^{\frac{1}{2}}, & \sigma_{zj} - \sigma_T \geqslant 0
\end{cases} \tag{4-20}
$$

式中：φ_j 和 c_j 是内摩擦角和黏聚力；γ_j 是流变参数。

隐式矩阵：

$$
[H]_j^n = \frac{\gamma_j}{d_j}\left[F_j \frac{\partial\{a\}_j^{\mathrm{T}}}{\partial\{\sigma\}_j} + \{a\}_j\{a\}_j^{\mathrm{T}}\right] \tag{4-21}
$$

若 $\sigma_{zj} - \sigma_T < 0$，则

$$
\{a\}_j^{\mathrm{T}} = \frac{\partial F_j}{\partial\{\sigma\}_j} = \begin{pmatrix} 0 & 0 & \tan\varphi_j & \dfrac{\tau_{yzj}}{\sigma_L} & \dfrac{\tau_{zxj}}{\sigma_L} & 0 \end{pmatrix} \tag{4-22}
$$

$$
\frac{\partial\{a\}_j^{\mathrm{T}}}{\partial\{\sigma\}_j} = \frac{1}{\sigma_L^3}\begin{pmatrix}
0 & 0 & 0 & 0 & 0 & 0 \\
 & 0 & 0 & 0 & 0 & 0 \\
 & & 0 & 0 & 0 & 0 \\
 & & & \tau_{zx}^2 & -\tau_{yzj}\tau_{zxj} & 0 \\
 & \text{SYM.} & & & \tau_{yzj}^2 & 0 \\
 & & & & & 0
\end{pmatrix} \tag{4-23}
$$

$$
\sigma^L = \sqrt{\tau_{yzj}^2 + \tau_{zxj}^2} \tag{4-24}
$$

若 $\sigma_{zj} - \sigma_T \geqslant 0$，则

$$
\{a\}_j^{\mathrm{T}} = \frac{\partial F_j}{\partial\{\sigma\}_j} = \frac{1}{\sigma_L}\begin{pmatrix} 0 & 0 & \sigma_{zj} & \tau_{yzj} & \tau_{zxj} & 0 \end{pmatrix} \tag{4-25}
$$

$$
\frac{\partial\{a\}_j^{\mathrm{T}}}{\partial\{\sigma\}_j} = \frac{1}{\sigma_L^3}\begin{pmatrix}
0 & 0 & 0 & 0 & 0 & 0 \\
 & 0 & 0 & 0 & 0 & 0 \\
 & & \tau_{yzj}^2 + \tau_{zxj}^2 & -\sigma_{zj}\tau_{yzj} & -\sigma_{zj}\tau_{zxj} & 0 \\
 & & & \sigma_{zj}^2 + \tau_{zxj}^2 & -\tau_{yzj}\tau_{zxj} & 0 \\
 & \text{SYM.} & & & \sigma_{zj}^2 + \tau_{yzj}^2 & 0 \\
 & & & & & 0
\end{pmatrix} \tag{4-26}
$$

$$
\sigma^L = \sqrt{\tau_{yzj}^2 + \tau_{zxj}^2 + \sigma_{zj}^2} \tag{4-27}
$$

4.3 裂隙岩体弹性模量的等效算法

4.3.1 裂隙面刚度系数与法向应力的关系

通常，岩体裂隙在数值计算中可以通过“无充填”和“充填”两种模型进行有效模拟。其中，“无充填模型”是通过表面大量的突起物相互接触的，这些突起物可看作具有高孔隙率、夹在两平行岩壁之间的物质颗粒。“充填模型”把裂隙视为一种具有变形和渗透特性的均匀的“充填介质”（陈胜宏等，1989；薛娈鸾等，2007）。两种模型在实际应

用中各有优势，本书在研究损伤松弛区裂隙岩体等效弹性模量时主要采用“充填模型”进行模拟。

图 4-2 为含一组水平裂隙的岩体，其中裂隙面受法向应力 σ_{z_j} 和切向应力 $\tau_{z_jx_j}$、$\tau_{z_jy_j}$ 作用。由于裂隙面开度很小，故其中充填物的应变满足

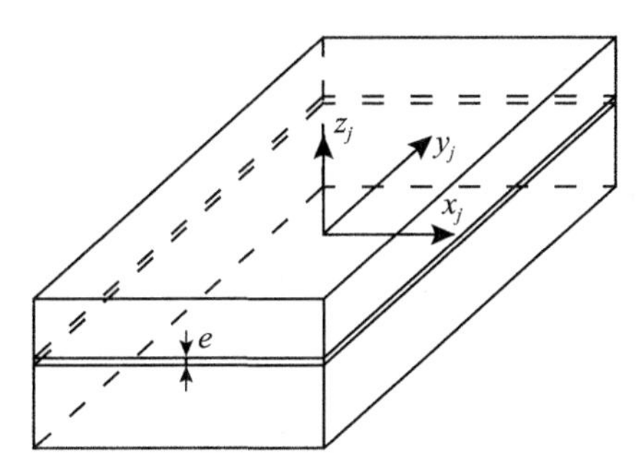

图 4-2　含一组裂隙的岩体

$$\begin{cases}\varepsilon_{x_j}=\varepsilon_{y_j}=0\\ \gamma_{x_jy_j}=\gamma_{y_jx_j}=0\end{cases}\tag{4-28}$$

由此可得其弹性本构关系为

$$\begin{pmatrix}d\sigma_{z_j}\\ d\tau_{z_jx_j}\\ d\tau_{z_jy_j}\end{pmatrix}=\begin{pmatrix}\lambda+2G & 0 & 0\\ 0 & G & 0\\ 0 & 0 & G\end{pmatrix}\begin{pmatrix}d\varepsilon_{z_j}\\ d\gamma_{z_jx_j}\\ d\gamma_{z_jy_j}\end{pmatrix}\tag{4-29}$$

记 z_j、x_j、y_j 轴向的相对位移为 u_{z_j}、u_{x_j}、u_{y_j}，则显然有

$$e=e_0+u_{z_j}\tag{4-30}$$

式中：e_0 为裂隙面的初始开度。

各应变增量可由相对位移增量写为

$$\begin{cases}d\varepsilon_{z_j}=\dfrac{du_{z_j}}{e}\\ d\gamma_{z_jx_j}=\dfrac{du_{x_j}}{e}\\ d\gamma_{z_jy_j}=\dfrac{du_{y_j}}{e}\end{cases}\tag{4-31}$$

把式（4-31）代入式（4-29）可得：

$$\begin{pmatrix}d\sigma_{z_j}\\ d\tau_{z_jx_j}\\ d\tau_{z_jy_j}\end{pmatrix}=\begin{pmatrix}k_n & 0 & 0\\ 0 & k_t & 0\\ 0 & 0 & k_t\end{pmatrix}\begin{pmatrix}du_{z_j}\\ du_{x_j}\\ du_{y_j}\end{pmatrix}\tag{4-32}$$

式（4-32）中：

$$\begin{cases} k_n = \dfrac{\lambda + 2G}{e} \\ k_t = \dfrac{G}{e} \end{cases} \tag{4-33}$$

其中：k_n、k_t 分别是裂隙面的法向和切向刚度系数。由于开度 e 与法向变形 u_{z_j} 有关，而 u_{z_j} 又决定于应力，故 k_n 和 k_t 都是应力的函数。

为求出 e 的表达式，可把式（4-32）的第一行写出：

$$d\sigma_{z_j} = k_n du_{z_j} = \frac{\lambda + 2G}{e} du_{z_j} = \frac{\lambda + 2G}{e_0 + u_{z_j}} du_{z_j} \tag{4-34}$$

积分后可得：

$$u_{z_j} = e_0 \left[\exp\left(\frac{\sigma_{z_j}}{\lambda + 2G} \right) - 1 \right] \tag{4-35}$$

引入

$$\xi = \frac{1}{\lambda + 2G} \tag{4-36}$$

则可得：

$$e = e_0 + u_{z_j} = e_0 \exp(\xi \sigma_{z_j}) \tag{4-37}$$

记

$$k_{n0} = \frac{\lambda + 2G}{e_0}, \quad k_{t0} = \frac{G}{e_0} \tag{4-38}$$

则可得裂隙面法向应力和切向刚度系数与法向应力的关系为

$$\begin{cases} k_n = k_{n0} \exp(-\xi \sigma_{zj}) \\ k_t = k_{t0} \exp(-\xi \sigma_{zj}) \end{cases} \tag{4-39}$$

4.3.2 岩体垂直裂隙面方向的等效弹性模量

根据节理流变模型应变叠加原则，即裂隙岩体的应变增量等于岩块与裂隙的应变增量之和，可以得到：

$$\Delta\varepsilon = \Delta\varepsilon_R + \Delta\varepsilon_J \tag{4-40}$$

同时，根据应力一致原则，即裂隙岩体的应力增量与岩块及裂隙面的应力增量一致，可以得到：

$$\Delta\sigma = \Delta\sigma^R = \Delta\sigma_J \tag{4-41}$$

根据式（4-40）和式（4-41）可得：

$$\Delta\varepsilon = \Delta\varepsilon_R + \Delta\varepsilon_J = \frac{\Delta\sigma}{E_R} + \frac{\Delta\sigma}{\dfrac{k_n}{L}} = \Delta\sigma\left(\frac{1}{E_R} + \frac{1}{k_n L} \right) = \frac{\Delta\sigma}{E_{eq}} \tag{4-42}$$

其中：

$$E_{eq} = \frac{1}{\frac{1}{E_R} + \frac{1}{k_n L}} = \frac{E_R k_n L}{E_R + k_n L} \tag{4-43}$$

式中：L 为单元厚度或节理间距。

4.3.3　损伤松弛区裂隙岩体弹性模量等效实施细节

为合理反映损伤松弛区裂隙岩体弹性模量随应力变化的过程，首先必须得到裂隙岩体中裂隙面的初始法向刚度系数 k_{n0} 和初始切向刚度系数 k_{t0}。针对具体的工程，其松弛岩体的耦合系数 ξ 可以根据试验资料获取，而 k_{n0}、k_{t0} 则可用砂浆模量和初始裂隙开度 e_0 估计。由于松弛现象一般发生在浅层岩体中，因此在计算其初始法向刚度系数 k_{n0} 和初始切向刚度系数 k_{t0} 时可认为松弛区岩体在上覆未有压重荷载之前的裂隙面法向应力 $\sigma_{zj} \approx 0$，则可得到 $k_n \approx k_{n0}$，$k_t \approx k_{t0}$。然后，以裂隙岩体未松弛前或完全被压密实后岩块的变形模量 E_R 为上界，结合不同深度松弛区岩体的综合弹性模量 E 和节理裂隙间距 L，可以得到裂隙面的初始法向刚度系数 k_{n0} 和初始切向刚度系数 k_{t0}。

根据工程地质勘察单位提供的松弛岩体初始综合弹性模量，节理裂隙的法向刚度系数可按岩体的综合弹性模量和岩块的弹性模量进行估算。

根据式（4-43），可得：

$$\frac{1}{E} = \frac{1}{E_R} + \frac{1}{k_n L} \tag{4-44}$$

于是，

$$k_n = \frac{E E_R}{E_R - E} \frac{1}{L} \tag{4-45}$$

式中：E 为岩体的综合弹性模量（计入主要节理裂隙影响）；E_R 为岩块的弹性模量（不计主要节理裂隙影响）；k_n 为节理裂隙的法向刚度系数；L 为节理裂隙间距。

同理，可得节理裂隙的切向刚度系数为

$$k_t = \frac{G G_R}{G_R - G} \frac{1}{L} \tag{4-46}$$

式中：G 为岩体的综合剪切模量（计入主要节理裂隙影响）；G_R 为岩块的剪切模量（不计主要节理裂隙影响）；k_t 为节理裂隙的切向刚度系数；L 为节理裂隙间距。

值得指出的是，前面主要针对岩体垂直于裂隙面方向的等效弹性模量公式进行了推导。若岩体裂隙产状非水平向，则首先需将节理裂隙的柔度矩阵由局部坐标转换为整体坐标，然后与岩块柔度矩阵进行叠加，最后对裂隙岩体的柔度矩阵求逆得到等效弹性矩阵。另外，基于理论完备性考虑，本书对节理裂隙法向、切向刚度系数公式均进行了推导。然而，在实际工程应用时，主要考虑的荷载是坝体混凝土压重等，直接受其影响的即为裂隙面法向刚度系数，因而本书在后续论述中也主要针对弹性模量等效进行，剪切模量暂未考虑。

4.3.4 技术路线及算法流程图

对于考虑了裂隙岩体弹性模量等效和分步加载的结构有限元计算，其主要过程如下：

（1）读入有限元模型单元、节点、材料、约束和荷载步信息；

（2）根据当前荷载步信息形成刚度矩阵和荷载列阵，对结构进行有限元计算；

（3）根据裂隙岩体节理产状和单元高斯点应力结果，换算节理面上的法向应力；

（4）通过节理面法向应力及初始刚度系数，得到节理面上新的法向刚度，并结合节理间距和岩块弹性模量换算下一荷载步裂隙岩体新的等效弹性模量；

（5）读入上一荷载步高斯点应力，并更新各裂隙单元新的材料参数，作为当前荷载步的初始条件；

（6）若所有荷载步结束，则转到步骤（7），否则转到步骤（2）；

（7）输出所有荷载步结束时的应力应变结果。

图 4-3 为根据上述技术路线所编制的裂隙岩体弹性模量等效有限元算法流程图。

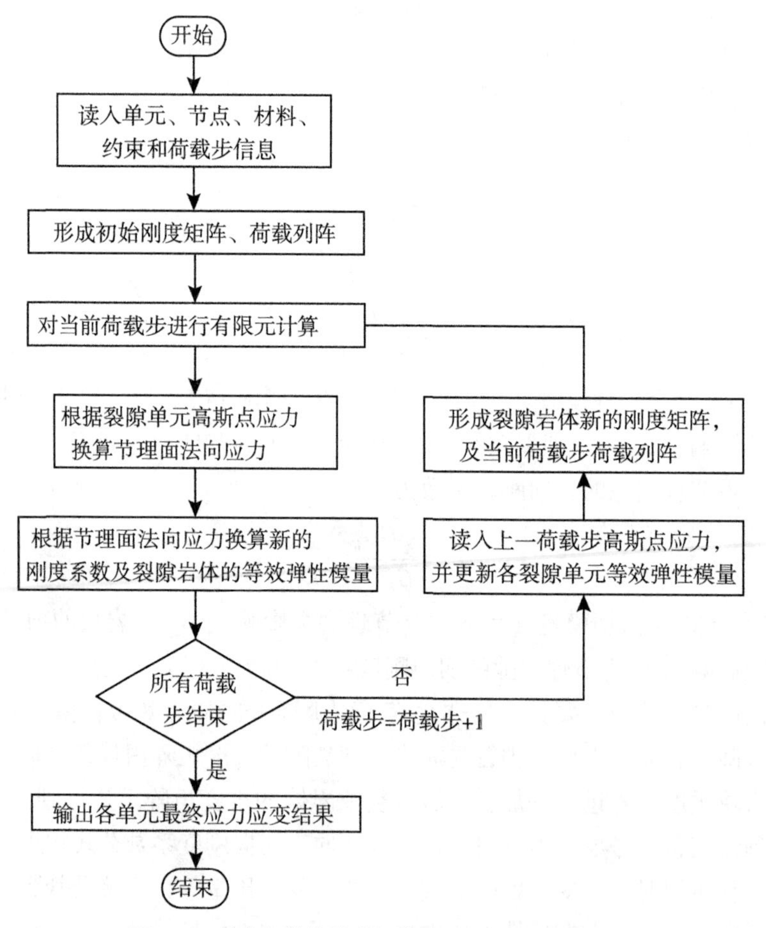

图 4-3　裂隙岩体等效弹性模量有限元算法流程图

4.4 算例考证

4.4.1 有限元计算模型及条件

考察如图 4-4 所示的中部含圆形孔洞的方形岩石断面，其所在的 $x-y$ 平面上阴影部分由里至外分别为孔壁混凝土喷层和节理岩体，四周为新鲜岩体。其中：方形断面边长为 10m；混凝土喷层厚度为 20cm，内半径 $r_1=0.8$m，外半径 $r_2=1.0$m；节理岩体内半径 $R_1=1.0$m，外半径 $R_2=1.5$m，且岩体中所含的一组节理倾角均为 90°，倾向随单元位置不同而各异。在建立有限元模型时，沿垂直断面方向（坐标轴 z 轴方向）取 1m 厚的岩体进行分析。岩石断面有限元模型共剖分为 928 个单元，1320 个节点，其中节理单元和喷层单元数均为 192 个。岩块和混凝土喷层力学参数见表 4-1，节理的力学参数见表 4-2。另外，在考虑节理面法向刚度随法向应力变化时，节理岩体的耦合系数可参考小湾工程花岗岩试验资料，取 $\xi\approx0.6$。

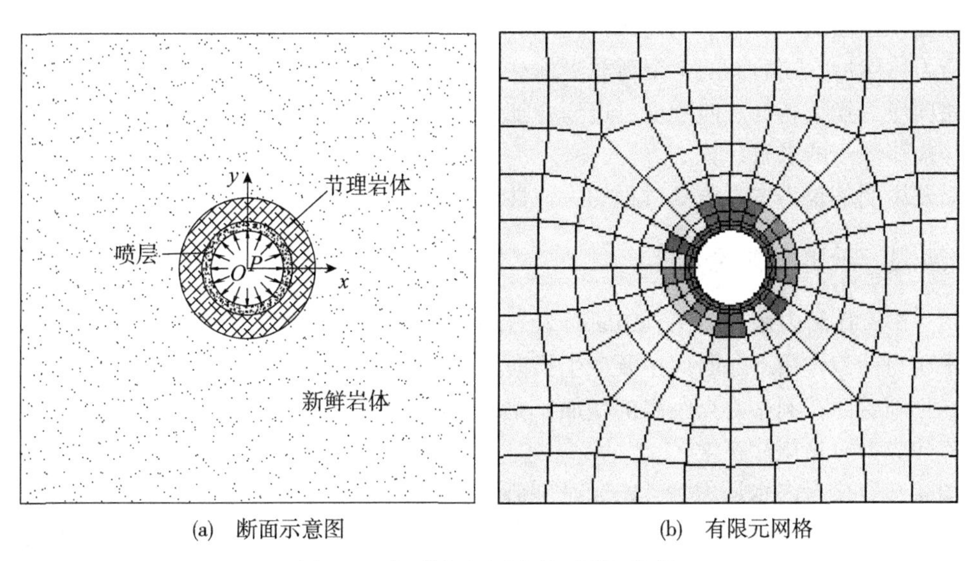

(a)　断面示意图　　(b)　有限元网格

图 4-4　岩石断面示意图与有限元网格

表 4-1　**岩块和混凝土喷层力学参数**

材料	弹性模量 E（GPa）	泊松比 μ	黏聚力 c（MPa）	内摩擦角 φ（°）
新鲜岩体	24	0.25	1.80	58.0
节理岩体	16	0.30	1.00	30.0
混凝土喷层	20	0.27	1.40	45.0

表4-2 节理的力学参数

材料	初始法向刚度 K_{n0}（GPa/m）	初始切向刚度 K_t（GPa/m）	黏聚力 c（MPa）	内摩擦角 φ（°）	抗拉强度 f_t（MPa）	节理间距 d（m）	倾角 β（°）
节理	60	20	0.1	30	0.1	0.1	90

荷载施加：在混凝土喷层表面，以0.5MPa为荷载增量分8次逐级施加内水压力，直至水压达到4MPa。边界条件：在有限元模型左、右两侧边界分别施加x轴向法向约束；在上、下两侧边界分别施加y轴向法向约束；在垂直断面方向的前、后两侧边界分别施加z轴向法向约束。

为分析裂隙岩体等效弹性模量变化对不同部位应力应变的影响，在有限元仿真计算中，共设置了两种对比工况。

（1）不考虑岩体裂隙面法向刚度随法向应力变化而导致的等效弹性模量变化，分8次施加内水压力直至4MPa，裂隙面法向刚度始终为$K_n=K_{n0}=60\text{GPa/m}$。

（2）考虑岩体裂隙面法向刚度随法向应力变化而导致的等效弹性模量变化：首先，在裂隙面初始法向刚度$K_{n0}=60\text{GPa/m}$条件下，施加0.5MPa的水压，得到节理面的初始法向应力；然后，在后面的7个荷载步加载时，每次计算均根据前面所有荷载步产生的裂隙面法向应力换算新的法向刚度，进而叠加到岩块的刚度矩阵，形成新的弹性矩阵，而后进行当前荷载步的求解计算。

需要说明的是，本次仿真过程均为弹性计算。

4.4.2 计算结果分析

图4-5为孔洞内水压力为4MPa时岩石断面合位移和应力矢量图，从图中可以看出：在内水压力荷载作用下，断面主要产生指向岩体内部的径向变形，各单元径向受压、环向受拉，且随着距孔洞中心点距离的增加，单元各向应力量值均明显降低。整体而言，断面合位移和应力分布规律正常。

图4-6为孔洞内水压力为4MPa时圆心至边界各节点应力变化曲线，分析可知：岩体径向压应力和环向拉应力均随距圆心的距离增加而急剧降低，节理法向刚度随法向应力变化与否，对断面的应力分布规律无显著影响；但是，从各向应力的具体量值分析，考虑节理法向刚度变化后，整体模型的径向刚度随着荷载步的增加而逐渐增大，其承载能力增强，节理法向刚度变化工况的各节点径向压应力比节理法向刚度不变工况均有所增加，其中喷层表面单元径向应力由3.09MPa增加至3.14MPa；由于各单元径向压应力的增加，导致其环向拉应力显著降低，喷层表面单元环向应力由6.32MPa降低至5.73MPa。

图4-7和图4-8分别为喷层表面单元应力、位移和节理单元法向刚度随荷载步变化曲线，分析可知：随着荷载步的增多，喷层单元径向压应力、环向拉应力和径向累积位移量值均逐渐增加；但考虑节理刚度变化工况单元径向压应力增速略快于节理刚度不变化工况，而环向拉应力和径向位移增速则略小。这主要因为：节理刚度不变化工况中，节理面

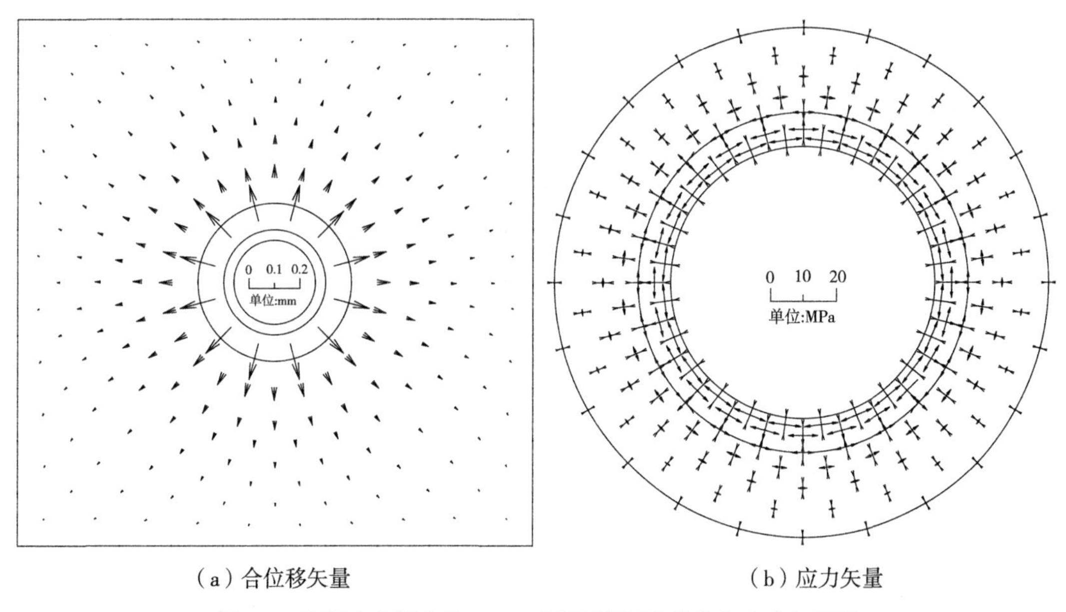

（a）合位移矢量　　（b）应力矢量

图 4-5　孔洞内水压力为 4MPa 时岩石断面合位移和应力矢量图

法向刚度始终为 60GPa/m，而节理刚度变化工况中，法向刚度则由初始刚度逐渐增加至 156.3GPa/m，比前者要大得多；由于节理法向刚度变大，导致节理岩体的整体径向刚度相应增大，该方向承载能力增强，因而在相同荷载作用下径向压应力比前者大，径向位移则比前者小，由 0.280mm 减小至 0.257mm；同时，从力的平衡分析，环向拉应力将会有所减小。

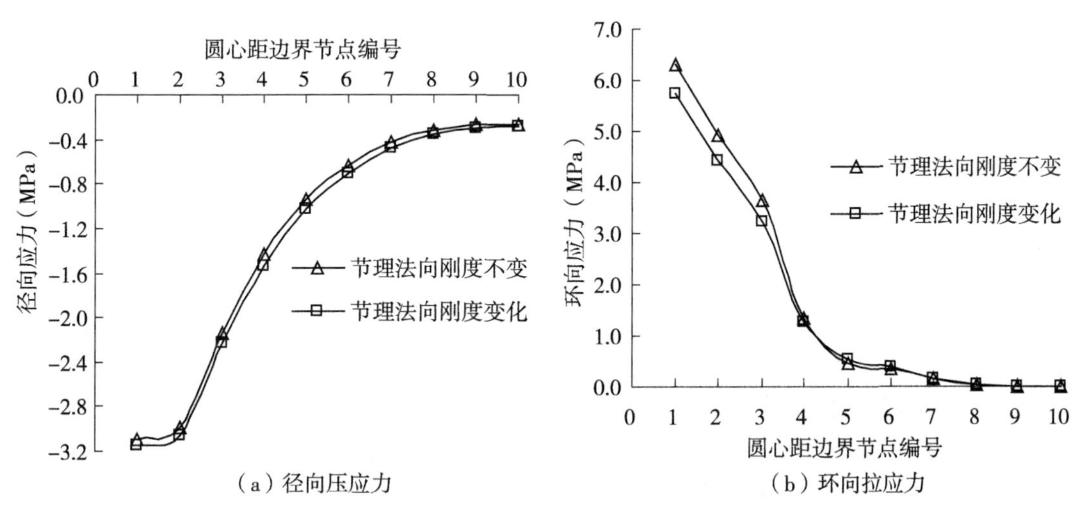

（a）径向压应力　　（b）环向拉应力

图 4-6　孔洞内水压力为 4MPa 时圆心至边界各节点应力变化曲线

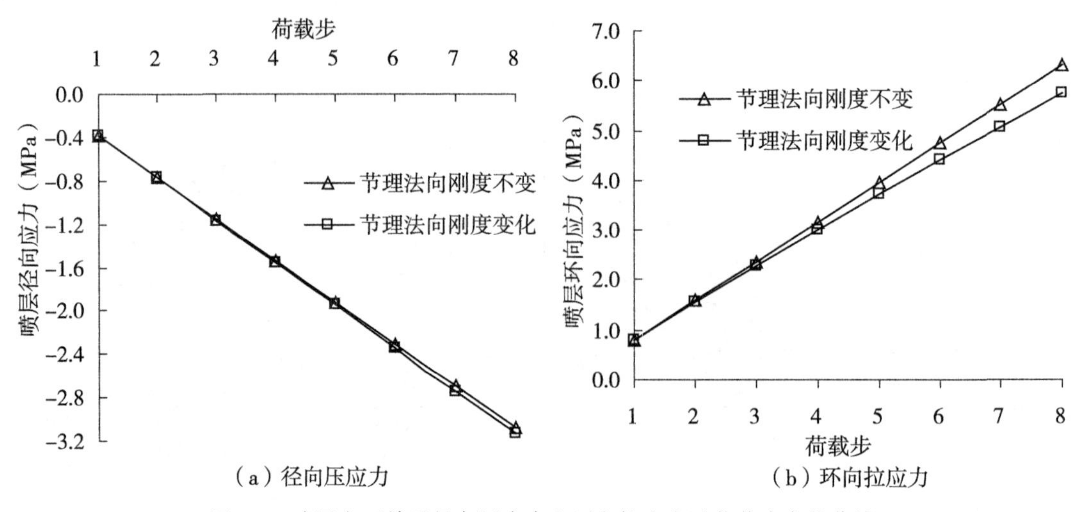

（a）径向压应力　　（b）环向拉应力

图 4-7　喷层表面单元径向压应力和环向拉应力随荷载步变化曲线

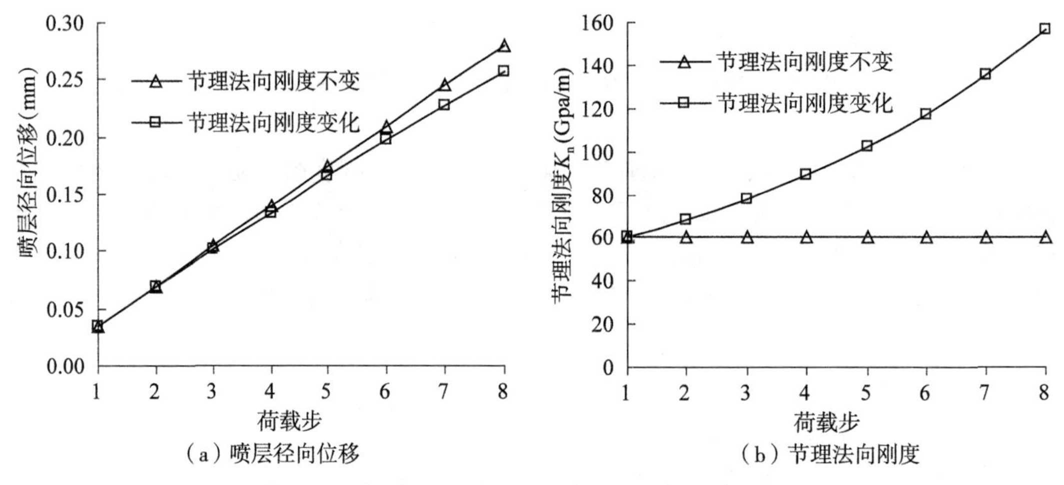

（a）喷层径向位移　　（b）节理法向刚度

图 4-8　喷层表面单元径向位移和节理单元法向刚度随荷载步变化曲线

4.5　本章小结

本章首先介绍了节理岩体的流变模型，并论述其基本原则及公式化，然后根据其基本原则建立裂隙岩体裂隙面刚度系数与法向应力的关系，进而推导了裂隙岩体的等效弹性模量算法，并对其中的实施细节进行了阐述，最后以含圆形孔洞、孔壁混凝土喷层和节理的方形岩石断面为例进行了分析验证。研究结果表明：裂隙岩体受外部荷载作用时，可能造成原先的微裂纹闭合，裂隙面法向刚度变大，导致裂隙岩体垂直于裂隙面方向整体刚度增加，该方向等效弹性模量增大，岩体表现出各向异性；同时，垂直裂隙方向承载能力增强，导致该方向位移减小、应力增加，其他方向受力减小。

第5章　松弛岩体弹黏塑性损伤本构模型研究

高山峡谷中的松弛岩体内部一般存在大量的宏观、微观缺陷，如微裂纹、孔洞、节理等，当其受到外界各类因素扰动时，这些缺陷将产生运动，如位错滑移、微裂纹扩展等，使材料力学性能劣化而形成损伤。同时，岩土材料作为一种流变介质，其应力应变具有较强的时效性，因而其损伤过程往往要经历很长的时间。在大型水电工程建设中，为合理评价松弛岩体的渐进损伤破坏对工程整体安全性能的影响，有必要建立相应的松弛损伤本构关系，对该渐进破坏过程进行有效模拟。

目前，国内外有关损伤力学的研究还处于发展阶段，尽管许多学者已经提出大量描述材料损伤的本构模型，但每种模型一般只适用于某一些材料或只在一定条件下适用，未能建立一种具有普适性的损伤模型，而且针对松弛岩体渐进损伤的本构模型还很少见（韦立德，2003；孙秀丽，2006；任青文等，2014）。为解决实际工程中的岩体松弛问题，本章试图在松弛岩体损伤本构关系方面做一些有益的研究。

5.1　岩体损伤本构研究综述

自1976年Dougill把损伤力学应用于岩石和混凝土材料以来，岩体损伤力学经过国内外众多学者40多年的研究取得了大量富有成效的成果，建立了一大批基于不同条件的、适合不同材料的、考虑不同环境影响的各式各样的岩体损伤本构模型。根据研究方法的不同，这些损伤模型大体可以分为三类：宏观损伤本构模型、细观损伤本构模型和统计损伤本构模型（唐辉明等，1995；张力民等，2015）。针对岩土工程界中不同的力学问题，这三类模型在实际应用中各有利弊。但总体而言，基于宏观唯象的损伤理论由于忽略损伤的微观机理，具有参数少、应用方便的优点，而且反映了岩石材料最终破坏是由于损伤引起的，相对于其他理论更能反映材料的特性，使得其在工程应用方面具有明显的优势，本章也重点阐述该理论。

宏观唯象损伤理论在工程应用时的主要步骤如下（张升，2005；王利，2006；张铮等，2019）。

（1）选择合适的损伤变量：从力学意义上来说，损伤变量属于本构理论中的内变量，选取时应考虑到如何与宏观力学量建立联系并易于测量。

（2）建立损伤演化方程：材料内部的损伤是随外界因素作用变化而变化的，为描述损伤的发展状况，需建立描述损伤发展的方程，即损伤演化方程。

（3）建立考虑材料损伤的本构关系：这种包含损伤变量的本构关系或损伤本构方程在整个宏观唯象损伤理论应用中起着关键作用。

（4）求解材料各点的应力应变：利用所建立的统计损伤本构关系求解材料内部各点的应力应变值。

本书在建立松弛岩体弹黏塑性损伤本构时即采用宏观唯象损伤理论，且依照上述步骤逐步开展研究。

5.2 松弛岩体弹黏塑性损伤本构模型的建立

5.2.1 损伤变量选取及其演化方程

1. 损伤变量选取原则

近年来，一些学者针对具体工程开展了大量关于岩体损伤变量选取的研究工作。吴政（1995，1996）、谢和平（1996）等选取轴向应变或剪应变作为损伤变量；杨友卿（1998）、Fouche（2004）等选取轴向应力或剪应力作为损伤变量；曹文贵（2003，2004，2005）、徐卫亚（2002）、唐春安（1997，2003）等选取各种形式的屈服准则作为损伤变量；杨更社（1994）、童小东（2002）等选取加载模量或卸载模量作为损伤变量；张全胜等（2003）利用CT技术分析认为损伤变量和材料密度有关；秦跃平等（2001，2003）以损伤应变能释放率为微元强度；李银平等（2001）定义的体积损伤变量也是一种有益的探讨；许梦飞等（2020）选取等效塑性应变作为损伤变量。

这些研究工作对松弛岩体损伤本构方程的建立具有重要的指导意义。但由于岩土材料本身具有非常复杂的力学特性，如各向异性、滞后性、剪胀性、压硬性和应力路径相关性等，而且多数损伤变量都是针对材料的某一种或几种特定的劣化破坏模式提出的，因此很难建立一种工程适用性非常广泛的岩体损伤本构方程。

目前，经典的弹塑性理论发展已经非常成熟，很多复杂的工程问题均能通过该理论得到有效的解决。有鉴于此，很多学者试图通过经典弹塑性理论中的某些内变量建立相应的岩体损伤变量，这无疑是最具现实意义的。陈国庆、冯夏庭等（2008）在黏结强度弱化-摩擦强度强化（Cohesion Weakening-Friction Strengthening，CWFS）（Salari et al.，2004；Vahid et al.，2003）本构模型的基础上提出一种新的岩体劣化模型RDM（Rock Deterioration Model），认为破损区内的岩体力学性质随着岩体破损程度的不同而发生相应劣化，即破损区内围岩力学参数是等效塑性应变的函数。由于作为内变量的塑性应变可以较好地体现加载路径和历史，反映材料在荷载作用下从初始状态不断劣化，直至最后破坏的整个过程，使得RDM模型在描述高地应力下硬岩脆性破损和围岩性状恶化方面具有较强的优势，且概念非常清晰。因此本书在选取松弛岩体松弛损伤变量时即考虑通过与其类似的内变量来建立。RDM模型对某些存在大量微裂纹、微孔洞等缺陷的软岩（如松弛裂隙岩体）并不适用，因为软岩强度较低，在受外载荷作用时内部裂纹、空洞在起始阶段呈闭合趋势，可能存在负损伤，很难出现扩容现象，即其塑性体积应变可能小于0。为避免这种状况，本书在建立损伤变量时将塑性应变分为体积应变和偏应变两部分，以累积黏塑性体积应变是否大于0，来判断岩体是否发生扩容现象，一旦发生扩容才考虑损伤的计及，损伤的具体程度则由累积等效黏塑性偏应变来描述（Zhou et al.，2010）。

2. 损伤变量演化方程

根据弹黏塑性势理论，Δt 时步内的黏塑性应变增量为

$$d\varepsilon_{ij}^{vp} = \{\dot{\varepsilon}^{vp}\}\Delta t = \gamma\langle F\rangle\left\{\frac{\partial Q}{\partial\sigma}\right\}\Delta t \tag{5-1}$$

其中，应变张量中的剪应变为理论剪应变，非工程剪应变。

于是，黏塑性体积应变增量为

$$d\varepsilon_{v}^{vp} = \frac{1}{3}(d\varepsilon_{11}^{vp} + d\varepsilon_{22}^{vp} + d\varepsilon_{33}^{vp}) \tag{5-2}$$

黏塑性偏应变增量为

$$de_{ij}^{vp} = d\varepsilon_{ij}^{vp} - d\varepsilon_{v}^{vp}\delta_{ij} \tag{5-3}$$

应变偏量的三个不变量分别为

$$J'_1 = de_{11}^{vp} + de_{22}^{vp} + de_{33}^{vp} = 0 \tag{5-4}$$

$$\begin{aligned}
J'_2 &= -(de_{11}^{vp}de_{22}^{vp} + de_{22}^{vp}de_{33}^{vp} + de_{33}^{vp}de_{11}^{vp}) + de_{12}^{vp}de_{12}^{vp} + de_{23}^{vp}de_{23}^{vp} + de_{31}^{vp}de_{31}^{vp}\\
&= -(de_{1}^{vp}de_{2}^{vp} + de_{2}^{vp}de_{3}^{vp} + de_{3}^{vp}de_{1}^{vp})\\
&= \frac{1}{6}[(d\varepsilon_{11}^{vp} - de_{22}^{vp})^2 + (d\varepsilon_{22}^{vp} - de_{33}^{vp})^2 + (d\varepsilon_{33}^{vp} - de_{11}^{vp})^2 + 6(de_{12}^{vp}de_{12}^{vp} + de_{23}^{vp}de_{23}^{vp} + de_{31}^{vp}de_{31}^{vp})]\\
&= \frac{1}{6}[(d\varepsilon_{1}^{vp} - de_{2}^{vp})^2 + (d\varepsilon_{2}^{vp} - de_{3}^{vp})^2 + (d\varepsilon_{3}^{vp} - de_{1}^{vp})^2]\\
&= \frac{1}{2}de_{ij}^{vp}de_{ij}^{vp}
\end{aligned} \tag{5-5}$$

$$\begin{aligned}
J'_3 &= de_{11}^{vp}de_{22}^{vp}de_{33}^{vp} + 2de_{12}^{vp}de_{23}^{vp}de_{31}^{vp} - de_{11}^{vp}de_{23}^{vp}de_{23}^{vp} - de_{22}^{vp}de_{31}^{vp}de_{31}^{vp} - de_{33}^{vp}de_{12}^{vp}de_{12}^{vp}\\
&= de_{1}^{vp}de_{2}^{vp}de_{3}^{vp}
\end{aligned} \tag{5-6}$$

于是，等效黏塑性偏应变增量可以写为

$$\overline{d\varepsilon_{p}^{vp}} = \sqrt{\frac{2}{3}de_{ij}^{vp}de_{ij}^{vp}} = \sqrt{\frac{2}{3}}\sqrt{2J'_2} = \frac{2}{\sqrt{3}}\sqrt{J'_2} \tag{5-7}$$

因此，累积黏塑性体积应变、累积等效黏塑性偏应变分别为：

$$\varepsilon_{v}^{vp} = \int d\varepsilon_{v}^{vp}\mathrm{d}t = \int\frac{1}{3}(d\varepsilon_{11}^{vp} + d\varepsilon_{22}^{vp} + d\varepsilon_{33}^{vp})\mathrm{d}t \tag{5-8}$$

$$\overline{\varepsilon_{p}^{vp}} = \int\overline{d\varepsilon_{p}^{vp}}\mathrm{d}t = \int\sqrt{\frac{2}{3}de_{ij}^{vp}de_{ij}^{vp}}\,\mathrm{d}t \tag{5-9}$$

通常，在实际工程中岩体会受到不同程度的损伤，形成松弛带，其工程地质性状会发生一定程度的弱化。若采取工程常用的指标进行衡量，岩体松弛则主要体现为弹性模量（E）、内摩擦角（φ）、黏聚力（c）、流变参数（γ）的降低，和泊松比（μ）的升高。一般而言，除岩爆等快速小范围解体现象外，岩体的松弛一般都是随着时间变化的，具体表现为弹性指标、强度指标和流变参数的逐步劣化，而且岩体损伤后仍具有一定的残余强度。

基于上述认识，本书选取累积等效黏塑性偏应变 $\overline{\varepsilon_{p}^{vp}}$ 描述松弛区内岩体力学参数变化，

可以将岩体各力学参数变化的具体形式写为

$$E(\overline{\varepsilon_p^{vp}}) = E_0 - (E_0 - E_r)f_E(\overline{\varepsilon_p^{vp}}) \tag{5-10}$$

$$\mu(\overline{\varepsilon_p^{vp}}) = \mu_0 - (\mu_0 - \mu_r)f_\mu(\overline{\varepsilon_p^{vp}}) \tag{5-11}$$

$$c(\overline{\varepsilon_p^{vp}}) = c_0 - (c_0 - c_r)f_c(\overline{\varepsilon_p^{vp}}) \tag{5-12}$$

$$\varphi(\overline{\varepsilon_p^{vp}}) = a\tan[\tan\varphi_0 - (\tan\varphi_0 - \tan\varphi_r)f_\varphi(\overline{\varepsilon_p^{vp}})] \tag{5-13}$$

$$\gamma(\overline{\varepsilon_p^{vp}}) = \gamma_0 - (\gamma_0 - \gamma_r)f_\gamma(\overline{\varepsilon_p^{vp}}) \tag{5-14}$$

式中：E_0，μ_0，c_0，φ_0，γ_0 分别为岩体初始状态的弹性模量、泊松比、黏聚力、内摩擦角和流变参数；E_r，μ_r，c_r，φ_r，γ_r 分别为岩体松弛后残余状态的力学参数；$E(\overline{\varepsilon_p^{vp}})$，$\mu(\overline{\varepsilon_p^{vp}})$，$c(\overline{\varepsilon_p^{vp}})$，$\varphi(\overline{\varepsilon_p^{vp}})$，$\gamma(\overline{\varepsilon_p^{vp}})$ 分别为一定累积等效黏塑性偏应变下岩体损伤后的力学参数；$f_E(\overline{\varepsilon_p^{vp}})$，$f_\mu(\overline{\varepsilon_p^{vp}})$，$f_c(\overline{\varepsilon_p^{vp}})$，$f_\varphi(\overline{\varepsilon_p^{vp}})$，$f_\gamma(\overline{\varepsilon_p^{vp}})$ 分别为各力学参数随累积等效黏塑性偏应变单调递增的函数，可以采用线性函数或其他非线性函数。

引入损伤的概念，则各力学参数变化的具体形式可写为

$$E(\overline{\varepsilon_p^{vp}}) = E_0(1 - D_E(\overline{\varepsilon_p^{vp}})) \tag{5-15}$$

$$\mu(\overline{\varepsilon_p^{vp}}) = \mu_0(1 - D_\mu(\overline{\varepsilon_p^{vp}})) \tag{5-16}$$

$$c(\overline{\varepsilon_p^{vp}}) = c_0(1 - D_c(\overline{\varepsilon_p^{vp}})) \tag{5-17}$$

$$\varphi(\overline{\varepsilon_p^{vp}}) = a\tan[\tan\varphi_0 \cdot (1 - D_\varphi(\overline{\varepsilon_p^{vp}}))] \tag{5-18}$$

$$\gamma(\overline{\varepsilon_p^{vp}}) = \gamma_0(1 - D_\gamma(\overline{\varepsilon_p^{vp}})) \tag{5-19}$$

其中：

$$D_E(\overline{\varepsilon_p^{vp}}) = \frac{E_0 - E(\overline{\varepsilon_p^{vp}})}{E_0} = \frac{(E_0 - E_r)f_E(\overline{\varepsilon_p^{vp}})}{E_0} = (1 - \frac{E_r}{E_0})f_E(\overline{\varepsilon_p^{vp}}) \tag{5-20}$$

$$D_\mu(\overline{\varepsilon_p^{vp}}) = \frac{\mu_0 - \mu(\overline{\varepsilon_p^{vp}})}{\mu_0} = \frac{(\mu_0 - \mu_r)f_\mu(\overline{\varepsilon_p^{vp}})}{\mu_0} = (1 - \frac{\mu_r}{\mu_0})f_\mu(\overline{\varepsilon_p^{vp}}) \tag{5-21}$$

$$D_c(\overline{\varepsilon_p^{vp}}) = \frac{c_0 - c(\overline{\varepsilon_p^{vp}})}{c_0} = \frac{(c_0 - c_r)f_c(\overline{\varepsilon_p^{vp}})}{c_0} = (1 - \frac{c_r}{c_0})f_c(\overline{\varepsilon_p^{vp}}) \tag{5-22}$$

$$D_\varphi(\overline{\varepsilon_p^{vp}}) = \frac{\tan\varphi_0 - \tan\varphi(\overline{\varepsilon_p^{vp}})}{\tan\varphi_0} = \frac{(\tan\varphi_0 - \tan\varphi_r)f_\varphi(\overline{\varepsilon_p^{vp}})}{\tan\varphi_0} = (1 - \frac{\tan\varphi_r}{\tan\varphi_0})f_\varphi(\overline{\varepsilon_p^{vp}}) \tag{5-23}$$

$$D_\gamma(\overline{\varepsilon_p^{vp}}) = \frac{\gamma_0 - \gamma(\overline{\varepsilon_p^{vp}})}{\gamma_0} = \frac{(\gamma_0 - \gamma_r)f_\gamma(\overline{\varepsilon_p^{vp}})}{\gamma_0} = (1 - \frac{\gamma_r}{\gamma_0})f_\gamma(\overline{\varepsilon_p^{vp}}) \tag{5-24}$$

式中：$D_E(\overline{\varepsilon_p^{vp}})$，$D_\mu(\overline{\varepsilon_p^{vp}})$，$D_c(\overline{\varepsilon_p^{vp}})$，$D_\varphi(\overline{\varepsilon_p^{vp}})$，$D_\gamma(\overline{\varepsilon_p^{vp}})$ 分别为一定累积等效黏塑性偏应变下岩体各力学参数的损伤变量，损伤演化方程与 $f_E(\overline{\varepsilon_p^{vp}})$，$f_\mu(\overline{\varepsilon_p^{vp}})$，$f_c(\overline{\varepsilon_p^{vp}})$，$f_\varphi(\overline{\varepsilon_p^{vp}})$，$f_\gamma(\overline{\varepsilon_p^{vp}})$ 所采用的函数形式相对应。

由式（5-20）~式（5-24）可知，当$f_E(\overline{\varepsilon_p^{vp}})$，$f_\mu(\overline{\varepsilon_p^{vp}})$，$f_c(\overline{\varepsilon_p^{vp}})$，$f_\varphi(\overline{\varepsilon_p^{vp}})$，$f_\gamma(\overline{\varepsilon_p^{vp}})$随累积等效黏塑性偏应变单调递增且大于 1 时，损伤后的岩体力学参数将会低于岩体松弛后残余值，甚至可能变为负值，这与工程实际情况不符，因为岩体损伤后仍具有一定的残余强度。定义$\overline{\varepsilon_E^{vp}}$，$\overline{\varepsilon_\mu^{vp}}$，$\overline{\varepsilon_c^{vp}}$，$\overline{\varepsilon_\varphi^{vp}}$，$\overline{\varepsilon_\gamma^{vp}}$分别为岩体损伤后力学参数达到松弛后残余值所对应的累积等效黏塑性偏应变，而且认为上述偏应变$\overline{\varepsilon_p^{vp}}$在达到各力学参数的应变阈值后，其力学参数始终维持为残余值。因此，我们需对式（5-20）~式（5-24）进行修正，岩体力学参数损伤变量演化方程为

$$D_E(\overline{\varepsilon_p^{vp}}) = \begin{cases} \left(1 - \dfrac{E_r}{E_0}\right) f_E(\overline{\varepsilon_p^{vp}}), & 0 \leqslant \overline{\varepsilon_p^{vp}} \leqslant \overline{\varepsilon_E^{vp}} \\ 1 - \dfrac{E_r}{E_0}, & \overline{\varepsilon_p^{vp}} \geqslant \overline{\varepsilon_E^{vp}} \end{cases} \tag{5-25}$$

$$D_\mu(\overline{\varepsilon_p^{vp}}) = \begin{cases} \left(1 - \dfrac{\mu_r}{\mu_0}\right) f_\mu(\overline{\varepsilon_p^{vp}}), & 0 \leqslant \overline{\varepsilon_p^{vp}} \leqslant \overline{\varepsilon_\mu^{vp}} \\ 1 - \dfrac{\mu_r}{\mu_0} & \overline{\varepsilon_p^{vp}} \geqslant \overline{\varepsilon_\mu^{vp}} \end{cases} \tag{5-26}$$

$$D_c(\overline{\varepsilon_p^{vp}}) = \begin{cases} \left(1 - \dfrac{c_r}{c_0}\right) f_c(\overline{\varepsilon_p^{vp}}), & 0 \leqslant \overline{\varepsilon_p^{vp}} \leqslant \overline{\varepsilon_c^{vp}} \\ 1 - \dfrac{c_r}{c_0}, & \overline{\varepsilon_p^{vp}} \geqslant \overline{\varepsilon_c^{vp}} \end{cases} \tag{5-27}$$

$$D_\varphi(\overline{\varepsilon_p^{vp}}) = \begin{cases} \left(1 - \dfrac{\tan\varphi_r}{\tan\varphi_0}\right) f_\varphi(\overline{\varepsilon_p^{vp}}), & 0 \leqslant \overline{\varepsilon_p^{vp}} \leqslant \overline{\varepsilon_\varphi^{vp}} \\ 1 - \dfrac{\tan\varphi_r}{\tan\varphi_0}, & \overline{\varepsilon_p^{vp}} \geqslant \overline{\varepsilon_\varphi^{vp}} \end{cases} \tag{5-28}$$

$$D_\gamma(\overline{\varepsilon_p^{vp}}) = \begin{cases} \left(1 - \dfrac{\gamma_r}{\gamma_0}\right) f_\gamma(\overline{\varepsilon_p^{vp}}), & 0 \leqslant \overline{\varepsilon_p^{vp}} \leqslant \overline{\varepsilon_\gamma^{vp}} \\ 1 - \dfrac{\gamma_r}{\gamma_0}, & \overline{\varepsilon_p^{vp}} \geqslant \overline{\varepsilon_\gamma^{vp}} \end{cases} \tag{5-29}$$

若损伤岩体各力学参数随累积等效黏塑性偏应变单调递增的函数均采用线性函数，则各损伤变量与等效黏塑性偏应变的关系曲线可由图 5-1~图 5-5 表示。

5.2.2　弹黏塑性损伤本构模型

在第 3 章中，基于岩体松弛机理，我们已经提出一套实用的松弛效应有限元算法，它主要是针对某松弛计算迭代步岩体松弛前后弹性指标和强度指标的变化，分别建立了相应的弹性松弛和塑性松弛计算方法。因而这里只需通过所建立的松弛岩体各力学参数损伤变量，将岩体由初始力学参数变化至损伤后的残余强度过程，离散为更多微小的松弛步，把上述损伤后的力学指标不断更新至松弛计算中，并在每个微小松弛步中均调用上述实用松

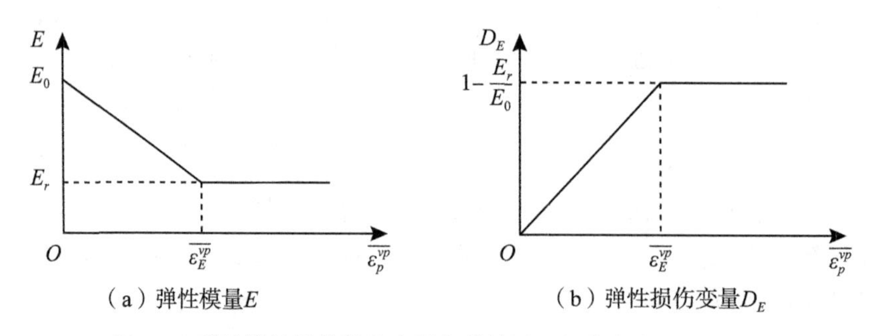

（a）弹性模量E　（b）弹性损伤变量D_E

图 5-1　弹性模量及其损伤变量与等效黏塑性偏应变的关系曲线

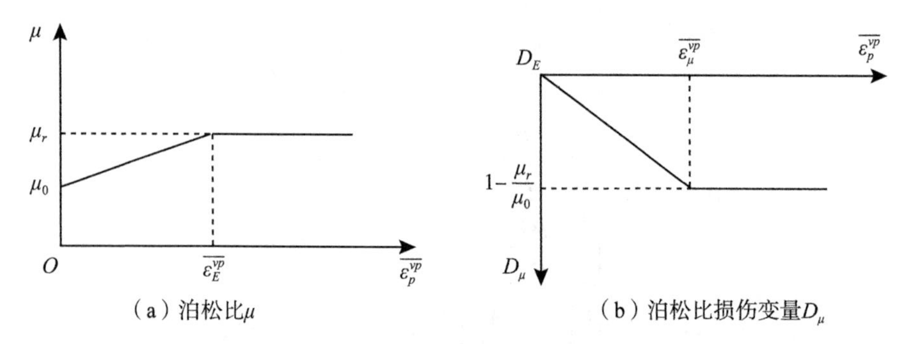

（a）泊松比μ　（b）泊松比损伤变量D_μ

图 5-2　泊松比及其损伤变量与等效黏塑性偏应变的关系曲线

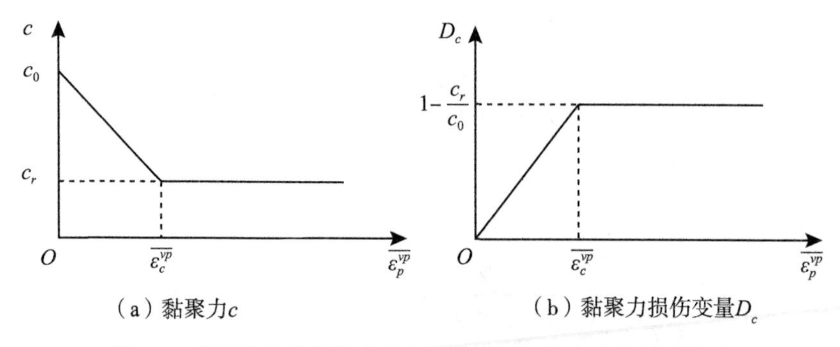

（a）黏聚力c　（b）黏聚力损伤变量D_c

图 5-3　黏聚力及其损伤变量与等效黏塑性偏应变的关系曲线

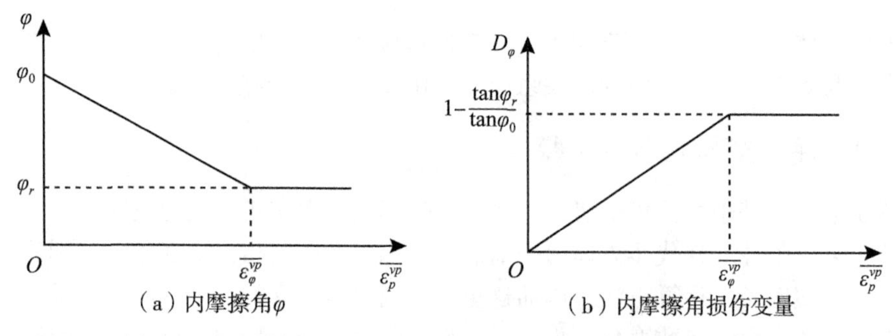

（a）内摩擦角φ　（b）内摩擦角损伤变量

图 5-4　内摩擦角及其损伤变量与等效黏塑性偏应变的关系曲线

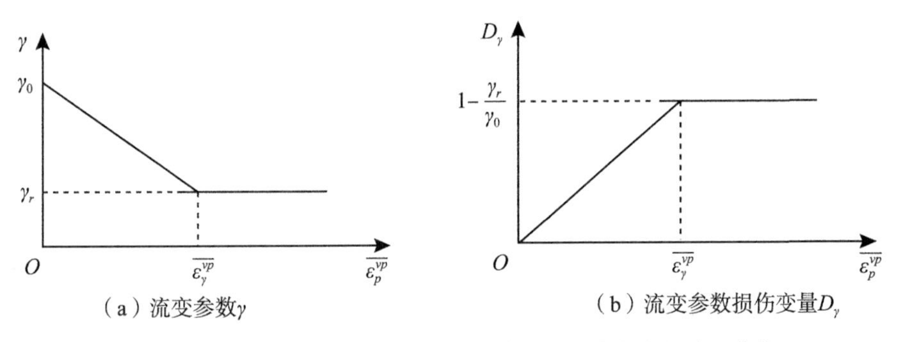

（a）流变参数γ　　（b）流变参数损伤变量D_γ

图 5-5　流变系数及其损伤变量与等效黏塑性偏应变的关系曲线

弛算法，于是便能够建立松弛岩体损伤本构关系。

松弛岩体进入塑性阶段后，某时刻损伤后的弹性矩阵可表示为

$$[D]=\begin{pmatrix}\lambda+2G & \lambda & \lambda & 0 & 0 & 0\\ & \lambda+2G & \lambda & 0 & 0 & 0\\ & & \lambda+2G & 0 & 0 & 0\\ & & & G & 0 & 0\\ & \text{SYM.} & & & G & 0\\ & & & & & G\end{pmatrix} \tag{5-30}$$

式中：拉梅系数 $\lambda=\dfrac{E_0(1-D_E)\mu_0(1-D_\mu)}{[1+\mu_0(1-D_\mu)][1-2\mu_0(1-D_\mu)]}$，$G=\dfrac{E_0(1-D_E)}{2[1+\mu_0(1-D_\mu)]}$。

对岩石材料采用 Drucker-Prager 屈服准则，且采用关联流动法则，可得：

$$\begin{cases}F=\alpha I_1+\sqrt{J_2}-k=0\\ \alpha=\dfrac{\sin\varphi}{\sqrt{3(3+\sin^2\varphi)}}\\ k=\dfrac{\sqrt{3}c\cos\varphi}{\sqrt{3+\sin^2\varphi}}\end{cases} \tag{5-31}$$

式中：F 为屈服函数；φ 和 c 分别为岩石损伤后的内摩擦角和黏聚力。

其中，损伤后的岩体强度指标分别为

$$c=c_0(1-D_c) \tag{5-32}$$

$$\varphi=a\tan[\tan\varphi_0\cdot(1-D_\varphi)] \tag{5-33}$$

黏塑性应变率可以写为

$$\{\dot{\varepsilon}^{vp}\}=\gamma\langle F\rangle\left\{\frac{\partial F}{\partial\{\sigma\}}\right\} \tag{5-34}$$

式中：岩体损伤后的流变参数 $\gamma=\gamma_0(1-D_\gamma)$。

于是，根据弹黏塑性势理论，我们可以建立松弛岩体的增量损伤本构关系：

$$\{\Delta\sigma\}=[D](\{\Delta\varepsilon\}-\{\dot{\varepsilon}^{vp}\}\Delta t) \tag{5-35}$$

式中：弹性矩阵 $[D]$、黏塑性应变率 $\{\dot{\varepsilon}^{vp}\}$ 均为累积等效黏塑性偏应变 $\overline{\varepsilon_p^{vp}}$ 的函数；Δt 为

黏塑性计算时步。

5.2.3 技术路线及算法流程图

针对某一荷载步，松弛岩体弹黏塑性损伤有限元计算的主要过程如下：

(1) 读入岩体力学参数初始值后，根据当前荷载步荷载及约束施加情况，对结构进行弹性计算；

(2) 根据高斯点应力结果，采用 Drucker-Prager 准则判断结构的屈服状态，并根据屈服情况进行一个时步的黏塑性计算，同时得到各松弛单元的累积黏塑性体积应变和等效偏应变；

(3) 根据松弛单元累积黏塑性体积应变是否大于 0，判断其是否开始计及损伤，即：若体积应变大于 0，则转到步骤 (4)，否则转到步骤 (6)；

(4) 根据累积黏塑性等效偏应变计算各单元力学参数的损伤程度和损伤前后的力学参数，并将其更新至新的松弛计算中；

(5) 根据岩体损伤前后的力学参数，进行弹性松弛和一个时步的塑性松弛计算，得到相应的黏塑性体积应变和等效偏应变增量，并将其叠加至之前的累积值中；

(6) 若当前荷载步结束，则转到步骤 (7)，否则转到步骤 (3)；

(7) 输出当前荷载步结束时的应力应变结果。

图 5-6 为根据上述技术路线所编制的松弛岩体弹黏塑性损伤有限元算法流程图。

5.2.4 损伤本构模型算例考证

1. 有限元计算模型及条件

考察如图 5-7 所示的中部含圆形孔洞的方形岩石断面，其所在的 x-y 平面上标注了该断面尺寸的关键点坐标以及孔洞半径。其中，方形断面边长为 10m，断面示意图中阴影部分为开挖损伤松弛区，松弛区内半径为 1m，外半径为 1. 5m。在建立有限元模型时，沿垂直断面方向（坐标轴 z 轴方向）取 1m 厚的岩体进行分析。岩石断面有限元模型共剖分为 736 个单元，1080 个节点，且被划分松弛区和非松弛区两种材料。岩体松弛前初始值和松弛后残余值与非松弛区岩体力学参数见表 5-1。

表 5-1 **松弛区内外岩石力学参数**

材料参数	松弛区		非松弛区
	初始值	残余值	
弹性模量 E（GPa）	18	10	24
泊松比 μ	0. 25	0. 30	0. 27
黏聚力 c（MPa）	1. 0	0. 5	1. 8
内摩擦角 φ（°）	45. 00	38. 66	58. 00
流变参数 γ [1/（MPa·d）]	4.0×10^{-5}	2.0×10^{-5}	4.0×10^{-5}

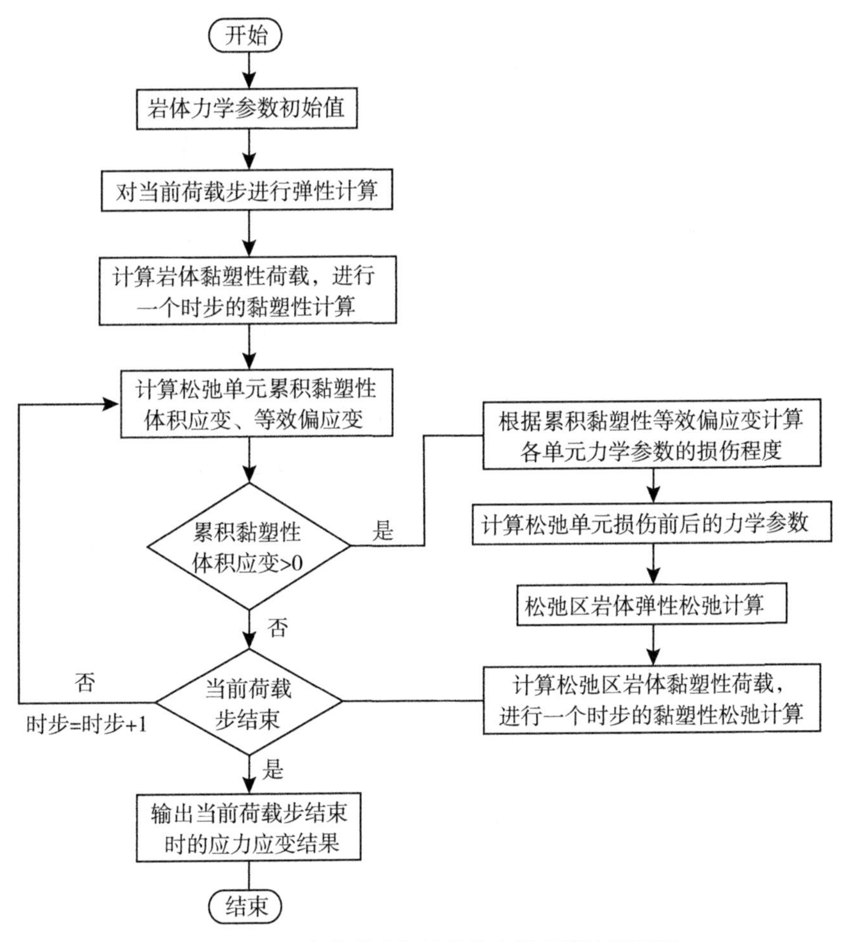

图 5-6　松弛岩体弹黏塑性损伤有限元算法流程图

荷载施加：模型 x-y 平面四周施加均布力 $P=16\text{MPa}$。边界条件：有限元模型垂直断面方向的前、后两侧边界分别施加 z 轴向法向约束；为防止计算中出现数值误差，导致结构发生旋转位移，分别在前、后两侧各自的 4 个角点上施加 x、y、z 三轴向约束。计算中采用前文所建立的弹黏塑性损伤本构模型，松弛岩体弹性模量、泊松比、黏聚力、内摩擦角和流变参数等力学参数降至残余值时，所对应的等效黏塑性偏应变阈值均取为 1.0×10^{-3}，屈服准则采用 Drucker-Prager 准则中的内切圆，塑性流动法则为关联的，计算时步长为 1d，数值模拟依照 5.2.3 小节所述步骤共进行了 50 天的松弛计算。

2. 计算结果分析

图 5-8 为弹黏塑性损伤松弛计算后的岩石断面合位移与应力矢量图，从图中可以看出：在围压 $P=16\text{MPa}$ 下，孔洞围岩产生向洞内四周的回弹变形和环绕洞周的主应力矢量，整体位移和应力分布对称且符合一般规律。为体现损伤松弛区内、外岩体在松弛前后的应力重分布现象，表 5-2 列出松弛区和非松弛区典型单元在松弛前后的应力变化。从表中可以看出：这两个单元的主压应力方向均为 y 轴向，由于损伤松弛现象的发生，松弛区

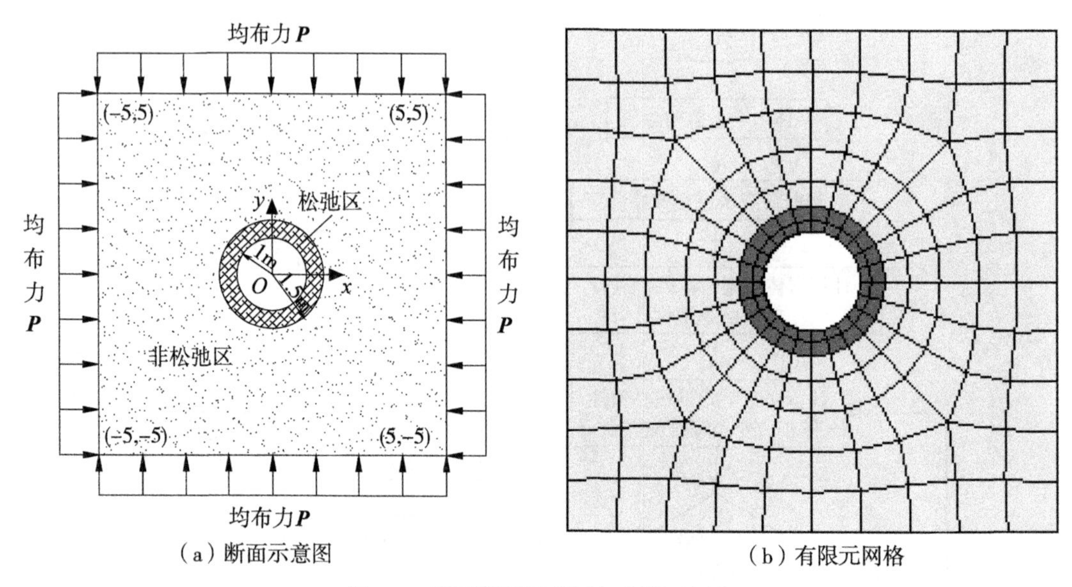

（a）断面示意图
（b）有限元网格

图 5-7 岩石断面示意图与有限元网格

内单元力学指标降低，整体应力水平大幅降低，其中正应力 σ_y 由松弛前的 19. 60MPa 降至松弛后的 10. 79MPa，降幅达 44. 95%；而松弛区外单元整体应力水平均有显著提高，其中正应力 σ_y 由松弛前的 18. 33MPa 增加至松弛后的 21. 28MPa，增幅达 16. 09%。研究表明：孔洞围岩松弛后，浅层应力释放，导致应力向深部岩体转移，进而出现一定范围的应力重分布现象，符合应力调整的一般规律。

表 5-2 松弛区内外典型单元松弛前后应力变化对比

松弛状态	松弛前			松弛后		
正应力（MPa）	σ_x	σ_y	σ_z	σ_x	σ_y	σ_z
松弛区内	-1. 91	-19. 60	-5. 38	-0. 91	-10. 79	-7. 65
松弛区外	-12. 61	-18. 33	-8. 35	-12. 68	-21. 28	-9. 17

图 5-9～图 5-13 为松弛区表层单元各力学参数及其损伤变量随迭代步变化曲线。从图中可以看出：岩体进入塑性状态后，随着塑性应变的增长，由于损伤加剧，导致各力学参数均有不同程度的劣化；当塑性应变增长到各参数等效黏塑性偏应变阈值时，力学指标均降至残余值，各参数损伤程度达到最大，后续迭代计算中尽管塑性应变还会不断增长，但其量值始终维持不变。对比不同力学参数最终状态可知：由于各参数初始值与残余值均不同，其最终的损伤程度也各异。需要指出的是，5. 2. 1 小节中图 5-1～图 5-5 所示的各力学参数及其损伤变量与等效黏塑性偏应变的关系曲线均为直线，而图 5-9～图 5-13 所示的随迭代步变化曲线则全部为曲线，这是由于损伤的计入，岩体松弛计算中每步的力学参数均

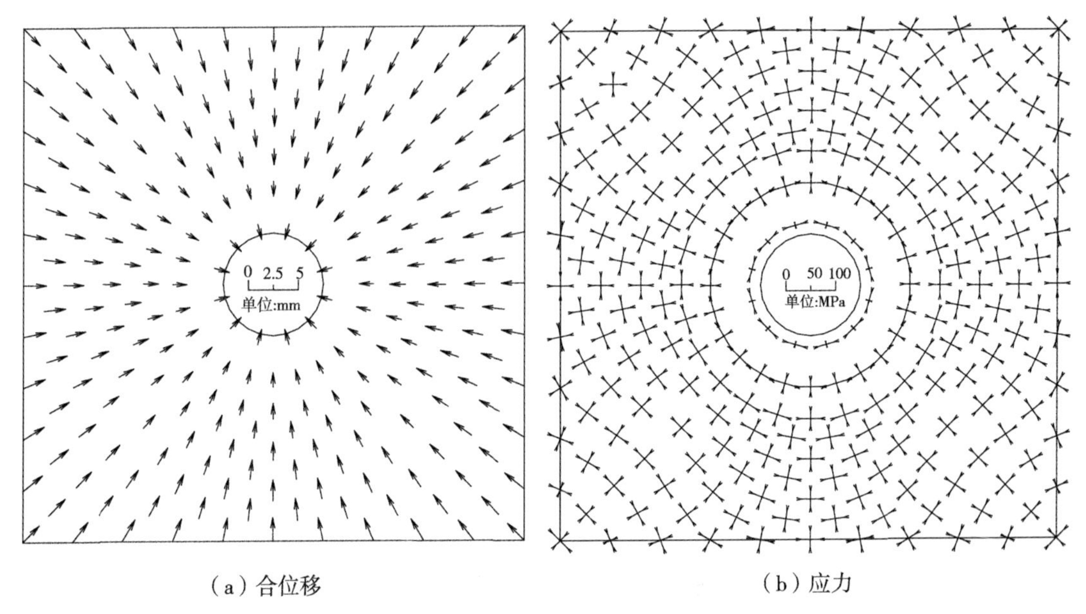

（a）合位移　　（b）应力

图 5-8　损伤松弛计算后岩石断面合位移与应力矢量图

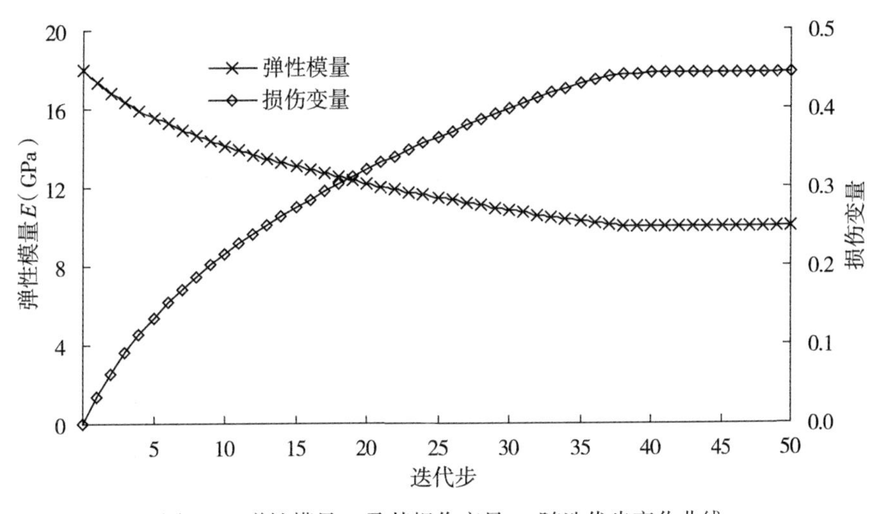

图 5-9　弹性模量 E 及其损伤变量 D_E 随迭代步变化曲线

不同，其非线性计算中每个迭代步所产生的应变增量各异，因此应变与迭代步之间并非线性关系。图 5-14 为等效黏塑性偏应变 $\overline{\varepsilon_p^{vp}}$ 及递增函数 $f(\overline{\varepsilon_p^{vp}})$ 随迭代步变化曲线。从图中可以看出：塑性应变始终随迭代步呈增长趋势；而递增函数则受力学指标残余值的约束，在塑性应变达到阈值时便始终等于 1。

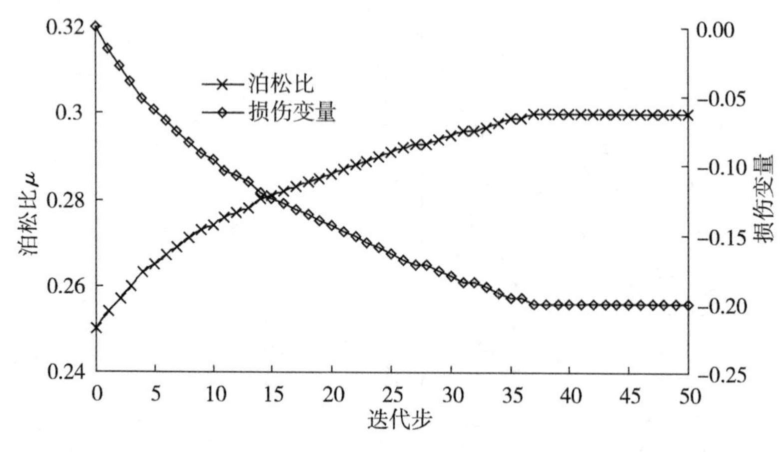

图 5-10　泊松比 μ 及其损伤变量 D_{μ} 随迭代步变化曲线

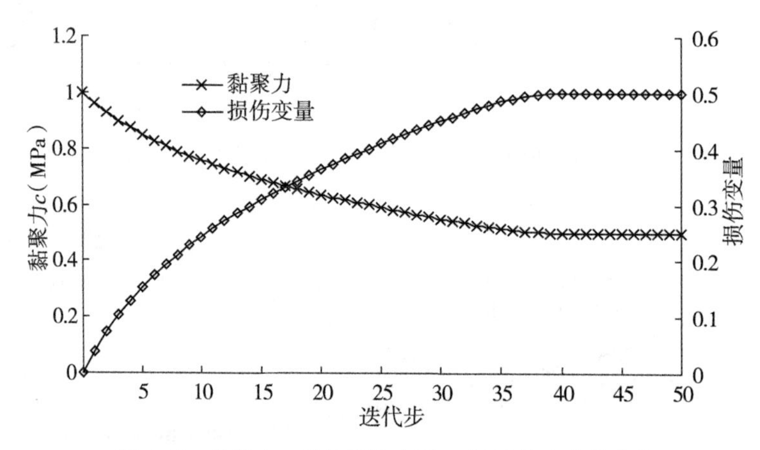

图 5-11　黏聚力 c 及其损伤变量 D_{c} 随迭代步变化曲线

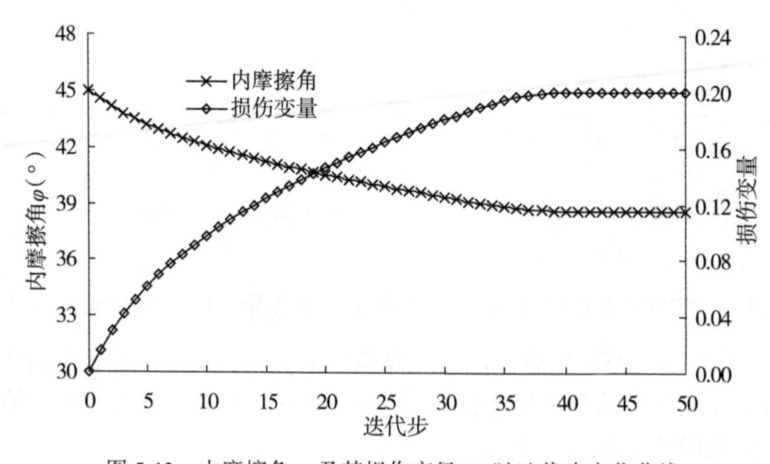

图 5-12　内摩擦角 φ 及其损伤变量 D_{φ} 随迭代步变化曲线

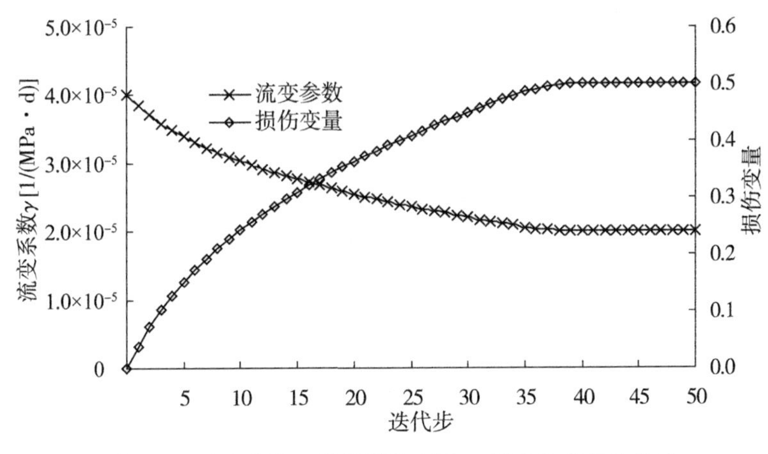

图 5-13　流变参数 γ 及其损伤变量 D_γ 随迭代步变化曲线

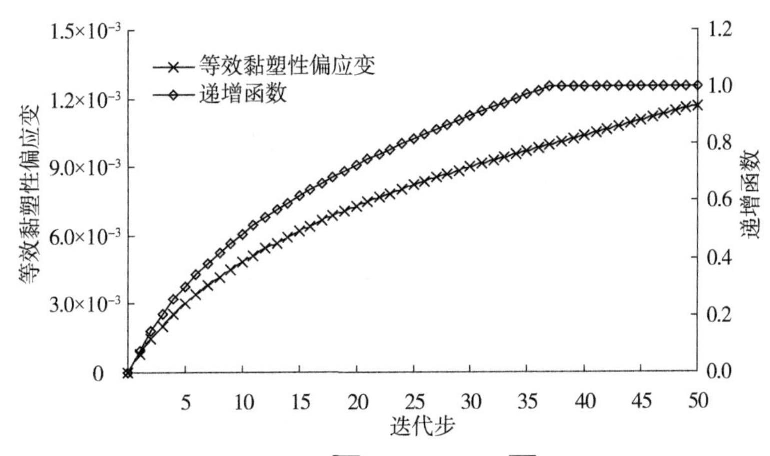

图 5-14　等效黏塑性偏应变 $\overline{\varepsilon_p^{vp}}$ 及递增函数 $f(\overline{\varepsilon_p^{vp}})$ 随迭代步变化曲线

5.3　基于应变软化研究的 NTS

在利用前面建立的松弛岩体弹黏塑性损伤本构模型进行工程计算时，首先必须合理确定岩体松弛后各力学参数所对应的累积等效黏塑性偏应变阈值。然而，在实际工程应用时，其具体量值的确定是非常困难的，往往需要在现场取出岩石试件进行加载试验才能获得。例如，通过对试件进行室内常规三轴试验，不断加载获得其直至破坏时的完整应力应变关系曲线，进而标定反映岩石试件力学特性的某些参数。通常，在具体参数标定过程中，常规指标（如轴向应变、体积应变、侧向应变等）多数可以通过试验曲线直接获取，但有些指标（如累积等效黏塑性偏应变阈值等）则需通过计算曲线与试验曲线进行对比分析后才能综合确定。另外，根据试验曲线所反映的应力应变关系，还可以对前面所建立的松弛岩体损伤本构模型做进一步修正。

本书在确定上述应变阈值时，就采用了对比分析的方法，并建立了一套能够标定其具体量值和修正损伤本构模型的数值试验系统 NTS（Numerical Test System）。NTS 主要将松弛岩体弹黏塑性损伤本构模型建立的损伤变量定义和演化方程推导引入岩石的应变软化研究中，建立相应的应变软化损伤本构模型，利用计算曲线与 MTS 试验曲线进行对比分析，进而分别标定和修正累积等效黏塑性偏应变阈值和本构模型。因而，本书在后面的论述中，也主要围绕岩石的应变软化研究展开。

5.3.1 应变软化研究技术路线

应变软化是指岩土材料在应力达到峰值强度之后，随着变形继续增加，其强度迅速降低、材料性能劣化的现象。从宏观力学参数来看，应变软化主要体现为岩土材料弹性模量、泊松比、黏聚力、内摩擦角（或剪胀角）和流变参数等力学指标的弱化；就微观变形机理而言，它主要体现为材料内微裂纹的发生、发展，并汇合成宏观裂缝的过程。

岩石的应变软化现象也可以理解为应力松弛现象在不同变形量值所对应的力学参数下最终稳态应力的变化过程。大量研究表明，应力松弛中稳态应力的变化是变形依赖的：在线弹性变形阶段，稳态应力在松弛过程中基本能保持为常数；当变形超过峰值应力所对应的量值后，随着非线性变形的出现，岩体出现不同程度的损伤，导致力学指标的降低，应力松弛同时引起稳态应力的减小，直至稳态应力能够在损伤后的力学指标下不再屈服为止；在达到残留强度后的变形中，稳态应力是几乎不变的，其大小即为残余强度所能承受的应力。同样，从微观角度来看，稳态应力的变化特征是与岩石的变形机制紧密联系在一起的：线性变形时的稳态应力与岩石颗粒和结构的弹性变形有关；而在非线性变形阶段，岩石破裂后出现的应变软化则与宏观裂隙的形成、扩展以及岩石完整结构的碎裂有关（阎金安等，1990；方德平，1991；伍向阳，1996；周家文等，2009）。

基于上述理论，在研究岩石的应变软化特性时，首先须结合岩石三轴压缩试验的主要步骤，通过引入位移加载模式，对传统有限元应力加载计算中的刚度矩阵、位移列阵和荷载列阵等进行相应的修改，并编制相应的应力松弛有限元程序；然后，采用损伤力学理论，以弹黏塑性理论中的等效黏塑性偏应变作为内变量，建立相应的损伤变量来描述岩体力学参数的劣化，并不断更新应力松弛中的力学指标，从而建立基于弹黏塑性损伤的岩石应变软化本构模型。另外，针对岩石试件在试验中进入塑性状态后所反映的不同力学特性，我们认为有必要分别建立有、无应变阈值以及考虑关联流动与非关联流动法则的损伤本构模型，并编制相应的有限元程序，通过应变软化计算曲线与 MTS 试验曲线对比，最终对应变阈值和本构模型分别进行标定和修正。

5.3.2 岩石三轴压缩试验综述

岩石三轴压缩试验是在三向应力状态下，一种测量和研究岩石变形与强度特性的全面的试验方法。试验通常分为不等围压（$\sigma_2 \neq \sigma_3$）的真三轴试验和等围压（$\sigma_2 = \sigma_3$）的常规三轴试验。实际工程应用中，等围压的常规三轴试验较为常见，下面详细介绍此试验。目前常用的试验仪器主要有 MTS 刚性压力试验机等，图 5-15 为试验机三轴室和环向传感器。

(a) 三轴室

(b) 环向传感器

图 5-15　MTS 刚性压力试验机

常规三轴压缩试验通常采用圆柱状试件，在某一侧限压应力（$\sigma_2 = \sigma_3$）作用下，逐渐对试件施加轴向应力，直至试件破坏为止。试验的制样设备主要有锯石机、磨石机和车床等，测量设备主要有千分卡尺和角尺等。试验所采用的标准圆柱形试样是经过工程现场采取的岩块加工而成的，首先将岩块通过钻石机钻取直径 $d=50$mm 的圆柱形岩样，然后在锯石机上锯成高度约 105mm 的岩样，再通过磨石机磨平岩样的两个端面，形成 $d50$mm ×100mm 的标准岩样（陈景涛，2006）。试件的加工精度（平行度、平直度和垂直度）应符合《水利水电工程岩石试验规程》（SL 264—2016）要求。

常规三轴压缩试验主要步骤如下。

（1）将制好的岩样测量尺寸后，套上耐油的薄橡皮套，根据伺服试验机要求安装试件于压力室中，排除压力室内的空气。

（2）以 0.5MPa/s 的加载速率同步施加侧向压力和轴向应力至预定的侧压力值，并保持侧压力在试验过程中始终不变。

（3）采用应变控制方式，设定压缩位移上限值，以一定应变速率施加轴向荷载，直至达到位移限制为止。试验过程中自动采集数据，并进行数据处理，绘制应力-应变关系曲线。

（4）停止试验，排油后取出试样，记录、描述试验过程和数据。

5.3.3 应力松弛研究

应力松弛是受力变形的材料在恒定的变形下应力随时间衰减的现象。就其本质而言，它是材料内部结构趋向于更稳定的（更小的）位势的自发过程，是以消耗自身储存的弹性应变能为特征的。对于某种变形下的岩石介质，其松弛作用趋向于某一稳定值，这个稳定值即为稳态应力。

应力松弛现象是岩石等工程材料的基本特性之一。目前，针对金属材料中的应力松弛性态已得到非常充分的研究，而有关岩石类介质的研究尚处于初步阶段。岩石介质的变形机制是复杂的，影响因素很多，这就导致岩石介质的应力松弛性态的复杂性。因此，建立一套合理的、反映岩石应力松弛性态的算法有着非常重要的意义。

通常，在进行应力松弛试验时，需在瞬时对试件施加一个应变，并保持恒定。这种位移加载的方式与传统有限元计算中的应力加载存在较大差异，因此不能直接套用原先的应力加载求解模式。但若对原先加载模式形成的刚度矩阵、位移列阵和荷载列阵进行局部变换，即可沿用原先的求解模式，而后只需对置换过的相关矩阵进行还原。本节中的应力松弛程序正是基于上述机理编制的，并采用相关考题进行了验证。

1. 位移加载模式公式推导

若将原先的结构进行单元离散后，集合所有单元的刚度矩阵，得到结构整体刚度矩阵 $[K]$；同时，集合作用于各单元的等效节点力列阵，形成总体荷载列阵 $\{F\}$，则整个结构的平衡方程可表示为

$$[K]\{u\} = \{F\} \tag{5-36}$$

若结构的自由度总数为 n，则平衡方程可具体写为

$$\begin{cases} K_{11}u_1 + K_{12}u_2 + \cdots + K_{1i}u_i + \cdots + K_{1n}u_n = F_1 \\ K_{21}u_1 + K_{22}u_2 + \cdots + K_{2i}u_i + \cdots + K_{2n}u_n = F_2 \\ \vdots \\ K_{i1}u_1 + K_{i2}u_2 + \cdots + K_{ii}u_i + \cdots + K_{in}u_n = F_i \\ \vdots \\ K_{n1}u_1 + K_{n2}u_2 + \cdots + K_{ni}u_i + \cdots + K_{nn}u_n = F_n \end{cases} \tag{5-37}$$

在进行位移加载时，一般存在多个自由度位移已知的情况。由于一次性引入多个自由度位移后的刚度矩阵推导公式极其复杂，而且通用性不强，因此我们主要采用逐个自由度位移引入的方法，逐步对刚度矩阵、位移列阵和荷载列阵进行变换，进而直接套用原先的应力加载求解模式。

现以位移加载模式中某个自由度位移已知的情况进行相关矩阵的变换，其余自由度位移引入后的矩阵变换与此类似，后面不再赘述。

若第 i 个自由度的加载位移 u_i 已知，该自由度相应的荷载 F_i 未知，则由式（5-37）中第 i 式：

$$K_{i1}u_1 + K_{i2}u_2 + \cdots + K_{ii}u_i + \cdots + K_{in}u_n = F_i$$

可得

$$u_i = \frac{F_i - (K_{i1}u_1 + K_{i2}u_2 + \cdots + K_{i(i-1)}u_{i-1} + K_{i(i+1)}u_{i+1} + \cdots + K_{in}u_n)}{K_{ii}} \tag{5-38}$$

将式（5-38）代入式（5-37）中其余 $n-1$ 个等式中，可得

$$\begin{cases} K_{11}u_1+K_{12}u_2+\cdots+K_{1i}\dfrac{F_i-(K_{i1}u_1+K_{i2}u_2+\cdots+K_{i(i-1)}u_{i-1}+K_{i(i+1)}u_{i+1}+\cdots+K_{in}u_n)}{K_{ii}}+\cdots+K_{1n}u_n=F_1 \\ K_{21}u_1+K_{22}u_2+\cdots+K_{2i}\dfrac{F_i-(K_{i1}u_1+K_{i2}u_2+\cdots+K_{i(i-1)}u_{i-1}+K_{i(i+1)}u_{i+1}+\cdots+K_{in}u_n)}{K_{ii}}+\cdots+K_{2n}u_n=F_2 \\ \vdots \\ K_{i1}u_1+K_{i2}u_2+\cdots+K_{ii}u_i+\cdots+K_{in}u_n=F_i \\ \vdots \\ K_{n1}u_1+K_{n2}u_2+\cdots+K_{ni}\dfrac{F_i-(K_{i1}u_1+K_{i2}u_2+\cdots+K_{i(i-1)}u_{i-1}+K_{i(i+1)}u_{i+1}+\cdots+K_{in}u_n)}{K_{ii}}+\cdots+K_{nn}u_n=F_n \end{cases} \tag{5-39}$$

合并同类项，得

$$\begin{cases} \left(K_{11} - K_{i1}\dfrac{K_{1i}}{K_{ii}}\right)u_1 + \left(K_{12} - K_{i2}\dfrac{K_{1i}}{K_{ii}}\right)u_2 + \cdots + \dfrac{K_{1i}}{K_{ii}}F_i + \cdots + \left(K_{1n} - K_{in}\dfrac{K_{1i}}{K_{ii}}\right)u_n = F_1 \\ \left(K_{21} - K_{i1}\dfrac{K_{2i}}{K_{ii}}\right)u_1 + \left(K_{22} - K_{i2}\dfrac{K_{2i}}{K_{ii}}\right)u_2 + \cdots + \dfrac{K_{2i}}{K_{ii}}F_i + \cdots + \left(K_{2n} - K_{in}\dfrac{K_{2i}}{K_{ii}}\right)u_n = F_2 \\ \vdots \\ K_{i1}u_1 + K_{i2}u_2 + \cdots + (-F_i) + \cdots + K_{in}u_n = -K_{ii}u_i \\ \vdots \\ \left(K_{n1} - K_{i1}\dfrac{K_{ni}}{K_{ii}}\right)u_1 + \left(K_{n2} - K_{i2}\dfrac{K_{ni}}{K_{ii}}\right)u_2 + \cdots + \dfrac{K_{ni}}{K_{ii}}F_i + \cdots + \left(K_{nn} - K_{in}\dfrac{K_{ni}}{K_{ii}}\right)u_n = F_n \end{cases} \tag{5-40}$$

则新的平衡方程可写为

$$\begin{pmatrix} K_{11} - K_{i1}\dfrac{K_{1i}}{K_{ii}} & K_{12} - K_{i2}\dfrac{K_{1i}}{K_{ii}} & \cdots & \dfrac{K_{1i}}{K_{ii}} & \cdots & K_{1n} - K_{in}\dfrac{K_{1i}}{K_{ii}} \\ K_{21} - K_{i1}\dfrac{K_{2i}}{K_{ii}} & K_{22} - K_{i2}\dfrac{K_{2i}}{K_{ii}} & \cdots & \dfrac{K_{2i}}{K_{ii}} & \cdots & K_{2n} - K_{in}\dfrac{K_{2i}}{K_{ii}} \\ & & \vdots & & & \\ K_{i1} & K_{i2} & \cdots & -1 & \cdots & K_{in} \\ & & \vdots & & & \\ K_{n1} - K_{i1}\dfrac{K_{ni}}{K_{ii}} & K_{n2} - K_{i2}\dfrac{K_{ni}}{K_{ii}} & \cdots & \dfrac{K_{ni}}{K_{ii}} & \cdots & K_{nn} - K_{in}\dfrac{K_{ni}}{K_{ii}} \end{pmatrix} \begin{pmatrix} u_1 \\ u_2 \\ \vdots \\ F_i \\ \vdots \\ u_n \end{pmatrix} = \begin{pmatrix} F_1 \\ F_2 \\ \vdots \\ -K_{ii}u_i \\ \vdots \\ F_n \end{pmatrix} \tag{5-41}$$

由于新的刚度矩阵为非对称矩阵，将造成求解困难。这里将上述刚度矩阵和荷载列阵的第 i 行各元素均除以 K_{ii} 即可，于是得到

$$\begin{pmatrix} K_{11}-K_{i1}\dfrac{K_{1i}}{K_{ii}} & K_{12}-K_{i2}\dfrac{K_{1i}}{K_{ii}} & \cdots & \dfrac{K_{1i}}{K_{ii}} & \cdots & K_{1n}-K_{in}\dfrac{K_{1i}}{K_{ii}} \\ K_{21}-K_{i1}\dfrac{K_{2i}}{K_{ii}} & K_{22}-K_{i2}\dfrac{K_{2i}}{K_{ii}} & \cdots & \dfrac{K_{2i}}{K_{ii}} & \cdots & K_{2n}-K_{in}\dfrac{K_{2i}}{K_{ii}} \\ & & \vdots & & & \\ \dfrac{K_{i1}}{K_{ii}} & \dfrac{K_{i2}}{K_{ii}} & \cdots & -\dfrac{1}{K_{ii}} & \cdots & \dfrac{K_{in}}{K_{ii}} \\ & & \vdots & & & \\ K_{n1}-K_{i1}\dfrac{K_{ni}}{K_{ii}} & K_{n2}-K_{i2}\dfrac{K_{ni}}{K_{ii}} & \cdots & \dfrac{K_{ni}}{K_{ii}} & \cdots & K_{nn}-K_{in}\dfrac{K_{ni}}{K_{ii}} \end{pmatrix} \begin{pmatrix} u_1 \\ u_2 \\ \vdots \\ F_i \\ \vdots \\ u_n \end{pmatrix} = \begin{pmatrix} F_1 \\ F_2 \\ \vdots \\ -u_i \\ \vdots \\ F_n \end{pmatrix} \tag{5-42}$$

将上述刚度矩阵重新编码得到新的平衡方程：

$$\begin{pmatrix} K'_{11} & K'_{12} & \cdots & K'_{1i} & \cdots & K'_{1n} \\ K'_{21} & K'_{22} & \cdots & K'_{2i} & & K'_{2n} \\ & & \vdots & & & \\ K'_{i1} & K'_{i2} & \cdots & K'_{ii} & & K'_{in} \\ & & & & & \\ K'_{n1} & K'_{n2} & & K'_{ni} & & K'_{nn} \end{pmatrix} \begin{pmatrix} u'_1 \\ u'_2 \\ \vdots \\ u'_i \\ \vdots \\ u'_n \end{pmatrix} = \begin{pmatrix} F'_1 \\ F'_2 \\ \vdots \\ F'_i \\ \vdots \\ F'_n \end{pmatrix} \tag{5-43}$$

其中，位移列阵和荷载列阵相应元素对应关系如下：

$$u'_j = u_j(j=1,\ 2,\ \cdots,\ i-1,\ i+1,\ \cdots,\ n),\quad u'_j = F_j(j=i) \tag{5-44}$$

$$F'_j = F_j(j=1,\ 2,\ \cdots,\ i-1,\ i+1,\ \cdots,\ n),\quad F'_j = -u_j(j=i) \tag{5-45}$$

以上即为第 i 个自由度的加载位移 u_i 引入后，刚度矩阵、位移列阵和荷载列阵的变换过程。当再次引入新的加载位移时，只需在前面转换后的相关矩阵基础上，重复上述过程即可，直至所有已知自由度位移施加完成为止。

2. 应力松弛计算技术路线

在完成上述相关矩阵变换后，首先，根据新的刚度矩阵、位移列阵和荷载列阵进行弹性计算，得到当前荷载步的位移。由于该位移列阵部分元素在矩阵变换过程中已被替换为原先的荷载列阵，导致所求得的位移列阵中同时存在位移和荷载元素，不能直接用于求解应力，因此，必须将施加的位移边界替换至计算得到的位移列阵相应自由度中，而后根据新的位移结果和初始刚度矩阵求解当前荷载步应力。

其次，根据高斯点应力结果，采用 Drucker-Prager 准则判断结构的屈服状态。若所施加自由度位移未造成结构屈服，则其始终处于弹性阶段，应力大小维持不变，不会出现应力松弛现象；若施加位移导致结构屈服，则根据屈服函数或势函数计算相应的黏塑性荷载，采用初始刚度修正矩阵计算应变增量和应力增量。需要指出的是，由于在位移加载弹性计算后，所有施加位移的自由度均应进行相应约束，这里的初始刚度修正矩阵即为初始

刚度在上述自由度所在行的对角元素进行“乘大数”处理后的矩阵，荷载列阵相应元素也需进行处理。在上述计算过程中，由于所有施加位移的自由度总应变维持不变，而其屈服后均存在黏塑性应变，导致结构内部弹性应变能逐渐消耗，应力水平也逐渐降低，出现应力松弛现象。

最后，根据应力松弛程度判断计算是否终止。若松弛应力降至结构所能承受的极限，即未造成其屈服时，计算收敛，停止计算。

图 5-16 为根据上述技术路线所编制的应力松弛有限元算法流程图。

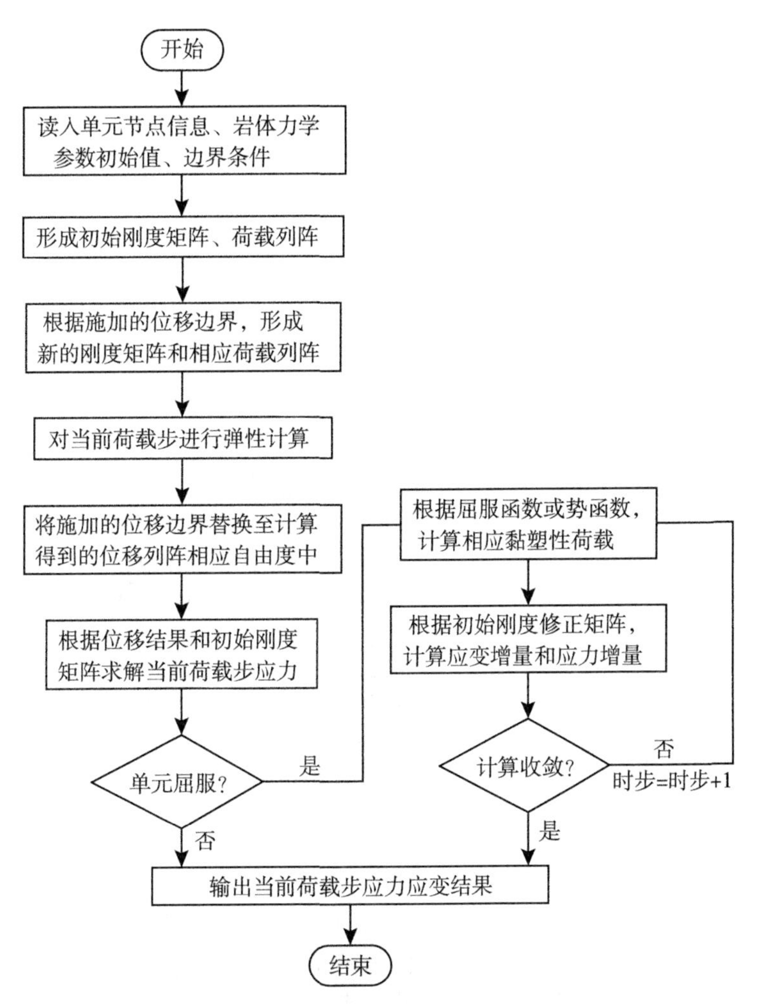

图 5-16　应力松弛有限元算法流程图

3. 应力松弛程序验证

考察一边长为 10m 的立方体单元岩石试件，整体坐标系和单元节点编号如图 5-17 所示。计算中采用弹黏塑性本构模型，岩石流变参数取 1.0×10^{-5} ［1/（MPa · d）］，步长为 1d，屈服准则采用 Drucker-Prager 准则中的内切圆，塑性流动法则为关联的。边界条件：节点 4 施加 x、y、z 三轴向约束，节点 3 施加 y、z 两轴向约束，节点 6 施加 x、z 两轴向约束，节点 5 施加 z 轴向约束。位移施加：节点 1、2、7、8 施加 1cm 铅直向下位移。

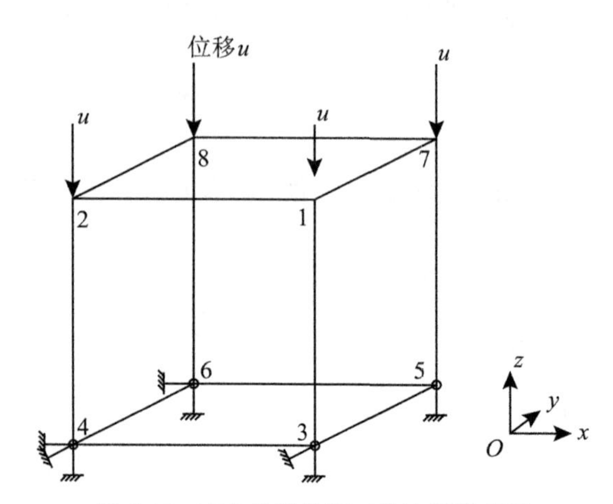

图 5-17　应力松弛分析三维边界模式图

为从不同角度考证本书所编制程序的合理性，根据不同岩石力学参数分别设置了 4 种对比工况，具体参数见表 5-3。

表 5-3　　**不同工况下岩石力学参数对比**

工况	弹性模量 E（GPa）	泊松比 μ	黏聚力 c（MPa）	摩擦系数 f
工况 1	20	0. 28	0. 00	0. 00
工况 2	20	0. 28	0. 40	0. 80
工况 3	20	0. 28	0. 80	1. 00
工况 4	20	0. 28	1. 20	1. 20

图 5-18 和图 5-19 分别为不同岩石力学参数下岩石试件轴向应力-时间和侧向应变-时间过程曲线。对比分析不同工况的计算曲线，可以得到如下认识。

（1）在不同岩石力学参数下，试件均发生了非常明显的应力松弛现象：随着计算时步的增多，应力由位移加载初始时刻的弹性值降至最终的稳定值。其中，强度指标越低，最终的稳定应力越低；强度指标为零，试件不能承受任何荷载。

（2）从岩石试件轴向应力和侧向应变计算收敛速度来看，强度指标低的工况由于前期屈服严重，黏塑性荷载大，在短时间内计算就能达到收敛，应力和位移在后期基本维持稳定；反之，强度指标高的工况则收敛相对较慢。

（3）从岩石试件侧向应变最终收敛量值来看：强度指标越高，相应工况最终应变量值越高；反之，强度指标越低，最终应变量值越低。这是因为计算中采用的是 Drucker-Prager 关联流动法则，势函数等于屈服函数（或剪胀角等于内摩擦角）。当岩石强度参数较高时，内摩擦角较大，相应的剪胀角较大，导致产生的侧向变形量值较高。从强度指标为零的工况侧向位移来看，由于计算中不存在剪胀效应，其侧向位移较其他工况小得多。上述结果同时也表明，塑性流动法则是否关联对计算结果有较大影响，因而在后续考虑损伤的应变软化本构模型研究中应对其进行系统研究。

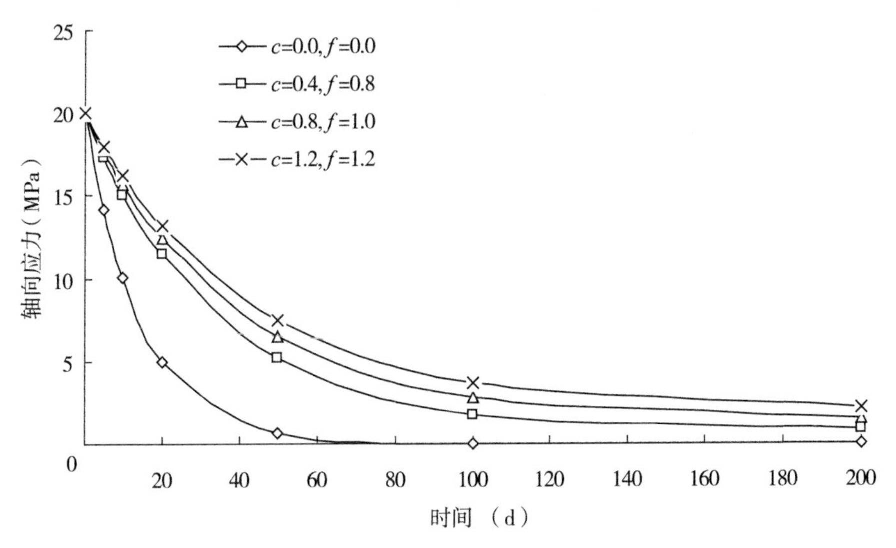

图 5-18　不同岩石力学参数下轴向应力-时间过程曲线

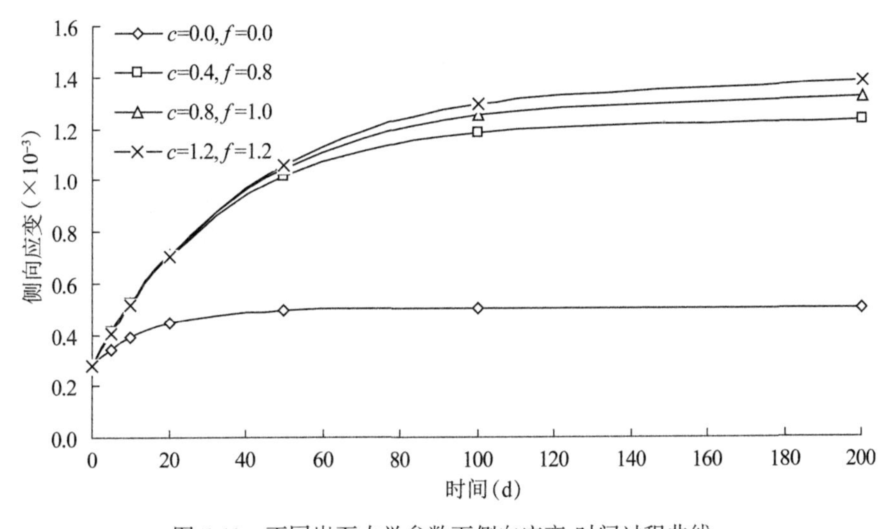

图 5-19　不同岩石力学参数下侧向应变-时间过程曲线

5.3.4　无应变阈值的应变软化损伤本构

岩体进入塑性状态后，随着塑性应变增长，各力学参数损伤程度加剧。在常规三轴压缩试验中，对于大部分弹脆性岩石试件，一旦加载进入塑性阶段而发生损伤后，便出现应变软化现象，应力很快降至残余值。为建立岩石应变软化的损伤本构方程，本小节仍采用前面提出的累积等效黏塑性偏应变 $\overline{\varepsilon_p^{vp}}$ 作为描述塑性状态的内变量，对软化过程中岩体力学参数的劣化现象进行合理描述。其中，塑性阶段某时刻岩体损伤后的各力学参数分别见式（5-15）~式（5-19），相应参数损伤变量演化方程分别见式（5-25）~式（5-29），这里不再赘述。鉴于应力松弛计算中塑性流动法则是否关联对计算结果有较大影响，本节对比分析流动法则的选取。将上述损伤后的力学指标不断更新至应力松弛计算中，便可以建立基于弹黏塑性损伤的岩石应变软化本构模型。

1. 应变软化损伤本构

岩体进入塑性阶段后，某时刻损伤后的弹性矩阵见式（5-30），这里不再赘述。若对岩石材料采用 Drucker-Prager 屈服准则，且分别考虑关联与非关联流动法则，可得：

$$\begin{cases} F = \alpha I_1 + \sqrt{J_2} - k = 0 \\ \alpha = \dfrac{\sin\varphi}{\sqrt{3(3 + \sin^2\varphi)}} \\ k = \dfrac{\sqrt{3}c\cos\varphi}{\sqrt{3 + \sin^2\varphi}} \\ Q = \alpha' I_1 + \sqrt{J_2} - k' = 0 \\ \alpha' = \dfrac{\sin\phi}{\sqrt{3(3 + \sin^2\phi)}} \\ k' = \dfrac{\sqrt{3}c\cos\phi}{\sqrt{3 + \sin^2\phi}} \end{cases} \tag{5-46}$$

式中：F 为屈服函数；Q 为势函数；φ、ϕ 和 c 分别为岩石损伤后的内摩擦角、剪胀角和黏聚力。其中，损伤后的岩体强度指标 c、φ 分别见式（5-32）、式（5-33）。由于 5.2.2 小节中未考虑非关联流动法则对计算结果的影响，因而未能建立剪胀角与内变量（或损伤变量）之间的对应关系，这里可以采取如下方式进行近似处理：

$$\phi = \frac{\phi_0}{\varphi_0}\varphi = \frac{\phi_0}{\varphi_0} \cdot a\tan[\tan\varphi_0 \cdot (1 - D_\varphi)] \tag{5-47}$$

针对不同的塑性流动法则，可分别得到不同的黏塑性应变率表达。

（1）假定关联流动法则成立，即

$$\phi = \varphi,\quad Q = F \tag{5-48}$$

则黏塑性应变率

$$\{\dot{\varepsilon}^{vp}\} = \gamma\langle F\rangle\left\{\frac{\partial F}{\partial\{\sigma\}}\right\} \tag{5-49}$$

（2）假定非关联流动法则成立，即

$$\phi \neq \varphi,\quad Q \neq F \tag{5-50}$$

则黏塑性应变率

$$\{\dot{\varepsilon}^{vp}\} = \gamma\langle F\rangle\left\{\frac{\partial Q}{\partial\{\sigma\}}\right\} \tag{5-51}$$

式中：岩体损伤后的流变参数 $\gamma = \gamma_0(1 - D_\gamma)$。

于是，根据弹黏塑性势理论，可以建立岩石的增量损伤本构关系：

$$\{\Delta\sigma\} = [D](\{\Delta\varepsilon\} - \{\dot{\varepsilon}^{vp}\}\Delta t) \tag{5-52}$$

式中：弹性矩阵 $[D]$、黏塑性应变率 $\{\dot{\varepsilon}^{vp}\}$ 均为累积等效黏塑性偏应变 $\overline{\varepsilon_p^{vp}}$ 的函数，Δt 为黏塑性计算时步。

值得指出的是，上述本构关系与前面建立的松弛岩体增量损伤本构关系［式（5-35）］的形式完全一致，所不同的是：前者在计算中采用的是应力加载模式，而本小节的应变软化本构模型中则采用的是位移加载模式。

2. 技术路线及算法流程图

岩石应变软化的数值模拟过程与常规三轴压缩试验步骤基本一致，主要步骤如下。

（1）通过施加一定均布荷载，使试件轴压、围压达到预定的量值，并保持侧压力在计算过程中始终不变。

（2）以轴压、围压作为初应力，采用位移加载方式，按呈等差数列的位移量值进行轴向荷载施加，直至不同位移加载工况计算均达到收敛为止。

（3）提取不同位移加载计算工况的最终各向位移、应力，并进行数据处理，绘制应力-应变关系曲线。

值得指出的是，由于常规三轴压缩试验中可以根据岩石试件的应力应变状态和破坏情况，实时控制应变加载速率，这在数值模拟中很难体现。尽管 MTS 刚性压力试验机按不同应变速率加载至一定位移与数值模拟一次性位移加载至相同量值的应力路径不同，但最终的稳定应力应相等，因而本书所采用的位移加载方法来模拟应变软化也是可行的。图 5-20 为根据上述技术路线编制的基于弹黏塑性损伤的应变软化有限元算法流程图。

3. 算例验证

1）有限元计算模型及条件

为真实模拟常规三轴压缩试验中岩石的应变软化现象，本小节中数值模拟采用的有限元模型与试验所要求的尺寸完全一致：直径 $d=50$mm，高度 $h=100$mm 的圆柱形。有限元模型和整体坐标系如图 5-21 所示，其中单元数为 640，节点数为 891。计算中采用弹黏塑性本构模型，步长为 1d，屈服准则采用 Drucker-Prager 准则。

边界条件：底部圆面上的点全部施加 z 轴向约束，圆心点施加 x、y、z 三轴向约束；为防止计算中出现数值误差，导致试件发生旋转位移，这里分别在顶部圆面上的 A、C 点施加 y 轴向切向约束，B、D 点施加 x 轴向切向约束。

荷载施加：首先施加均布荷载，使试件轴压、围压达到预定量值，本次模拟中分别对不同围压（10MPa、20MPa、40MPa）下的应变软化现象进行对比分析；然后，采用位移加载方式，按呈等差数列的位移量值对顶部圆面上的点施加 z 轴向铅直向下位移，直至不同位移加载工况计算均达到收敛为止。

岩石试件力学参数主要采用位于雅砻江上的锦屏二级水电站辅助洞内的白山组大理岩（T_2b）现场试验数据，该岩样主要分布于工程区中部。白山组大理岩形成锦屏山系的主

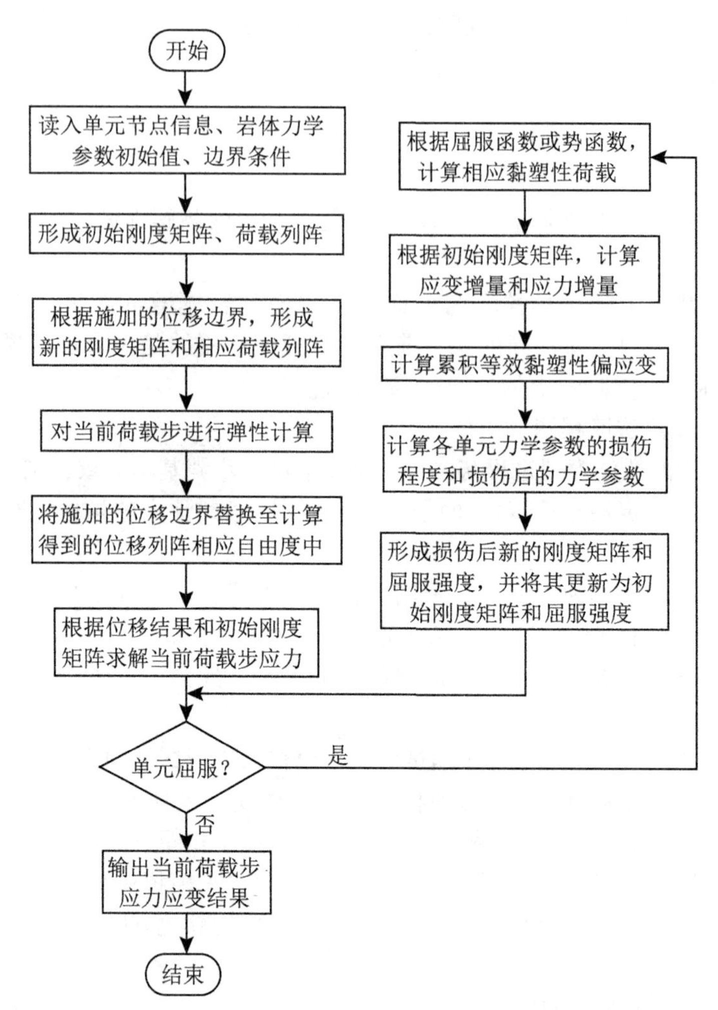

图 5-20　基于弹黏塑性损伤的应变软化有限元算法流程图

体山脉，地层岩性相对稳定，结构致密、质纯，全层厚 750~2270m。其中，岩体不同取值类型下的力学参数对比见表 5-4，试件在围压 10MPa 下的 MTS 试验机试验曲线如图5-22所示。结合三轴压缩试验结果，这里将弹性模量、泊松比、黏聚力、内摩擦角（或剪胀角）和流变参数所对应的临界累积等效黏塑性偏应变 $\overline{\varepsilon_p^{vp}}$ 均初步取为 5.5×10^{-3}。

表 5-4　**岩体不同取值类型下的力学参数对比**

取值类型	弹性模量 E(GPa)	泊松比 μ	黏聚力 c(MPa)	内摩擦角 φ(°)	剪胀角 ϕ(°)	流变参数 γ[1/(MPa·d)]
初始值	50.0	0.25	19.440	43.800	26.280	2.0×10^{-5}
残余值	32.5	0.25	12.636	31.936	19.162	1.0×10^{-5}

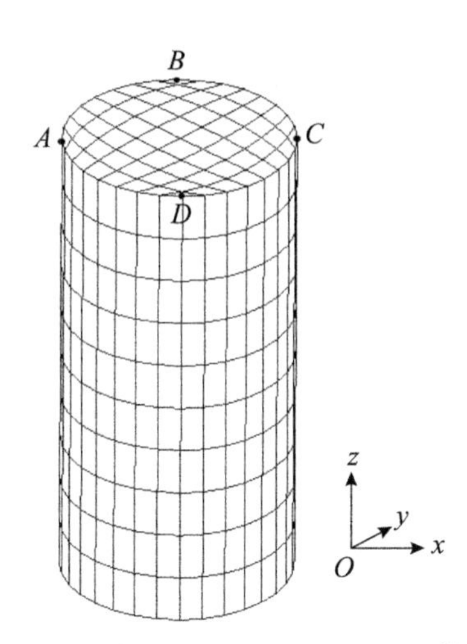

图 5-21　常规三轴压缩试验有限元模型

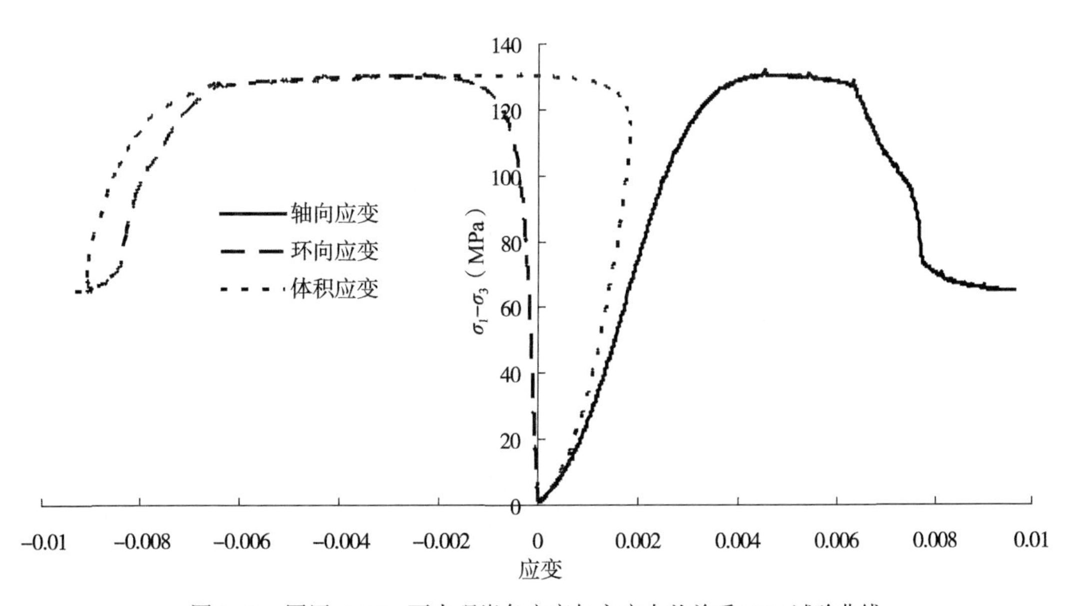

图 5-22　围压 10MPa 下大理岩各应变与主应力差关系 MTS 试验曲线

2）计算结果分析

图 5-23 为非关联流动、围压 10MPa 条件下各应变与主应力差关系计算曲线。其中：各应变均以受压为正，受拉为负。从图中可以看出，试件的轴向应变、环向应变和体积应变与主应力差关系曲线均经历了上升、下降和平稳阶段。对比分析各曲线不同阶段的应力应变状态，可以得到如下认识。

（1）当试件轴压、围压同步施加至 10MPa 后，顶部圆面上的点所施加 z 轴向铅直向下位移不大时，轴向应变 OA_1、环向应变 OA_2、体积应变 OA_3 段均处于弹性阶段，轴向受压，环向膨胀，总的体积应变为受压。此时试件未出现屈服，岩体力学参数（弹性模量、

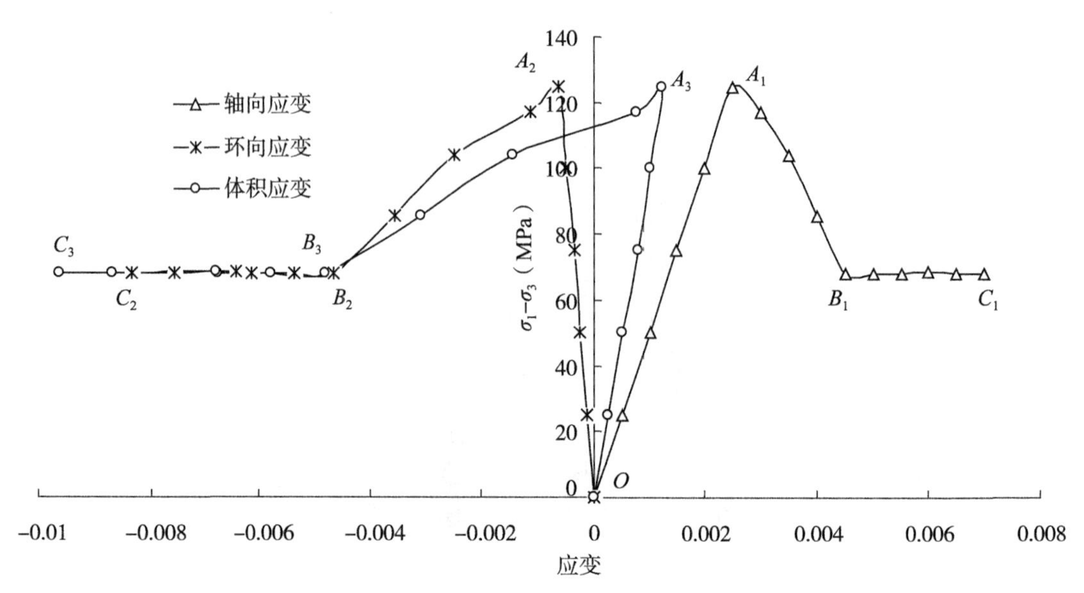

图 5-23 非关联流动、围压 10MPa 条件下各应变与主应力差关系计算曲线

泊松比、黏聚力、剪胀角和流变参数）均为初始值。

（2）当顶部圆面上的点所施加位移增加至一定量值时，各向应变所对应的应力均达到峰值 A_1、A_2、A_3点。随着所施加位移量值逐步增大，试件发生屈服和应力松弛现象，导致岩体应力降低；同时，伴随着黏塑性应变增加，岩体出现损伤，各力学参数出现不同程度的劣化。对于特定量值的位移荷载，在岩体屈服后的塑性迭代过程中，其应力量值和强度指标逐渐减小，当黏塑性应变累积到一定程度时，松弛应力与损伤后的强度指标能达到新的平衡，即岩体不再屈服，计算收敛。轴向应变 A_1B_1、环向应变 A_2B_2、体积应变 A_3B_3段即为不同量值的位移荷载所对应的不同平衡状态曲线，位于此曲线段上的每点所对应的岩体力学参数均有所降低，但未达到残余强度。

从该曲线段上各向应变来看：轴向压应变继续增加，环向膨胀速度变缓；体积应变则出现反转，逐渐由受压变为膨胀，出现明显的扩容现象。

（3）当所施加位移较大时，试件的累积黏塑性偏应变达到各力学参数所对应的临界值，所有岩体力学指标均降至残余强度，轴向应力也降至残余应力。在轴向应变 B_1C_1、环向应变 B_2C_2、体积应变 B_3C_3段中，随着施加位移荷载的增大，环向应变和体积应变仍会继续增加，但其轴向应力均趋于定值。

以上单独针对非关联流动、围压 10MPa 条件下各应变与主应力差关系曲线详细描述了岩石的应变软化过程。为考虑不同围压、不同流动法则对岩石各向应变和应变软化过程的影响，这里主要对比分析围压分别为 10MPa、20MPa、40MPa 以及关联、非关联流动法则条件下的应变软化结果。

图 5-24～图 5-29 为关联流动和非关联流动以及不同围压下的轴向应变、环向应变和体积应变与主应力差关系计算曲线。我们对比分析这 6 幅图中不同曲线变化规律，可以得

到如下认识。

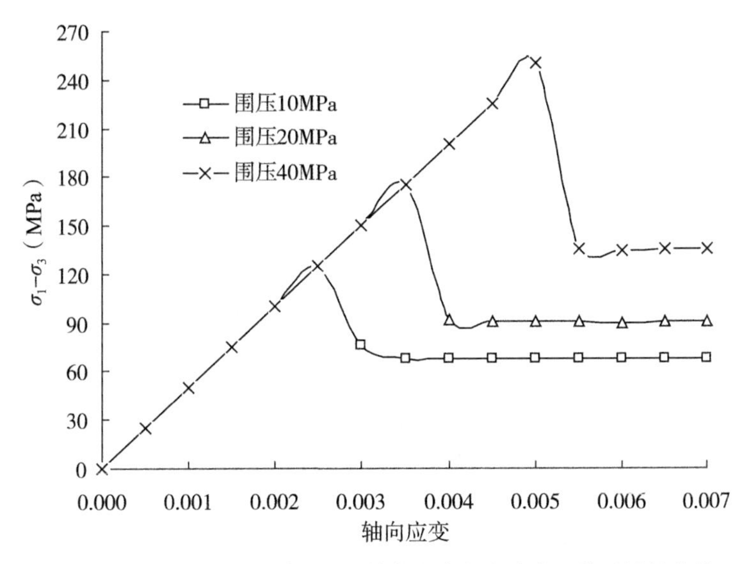

图 5-24　关联流动、不同围压下轴向应变与主应力差关系计算曲线

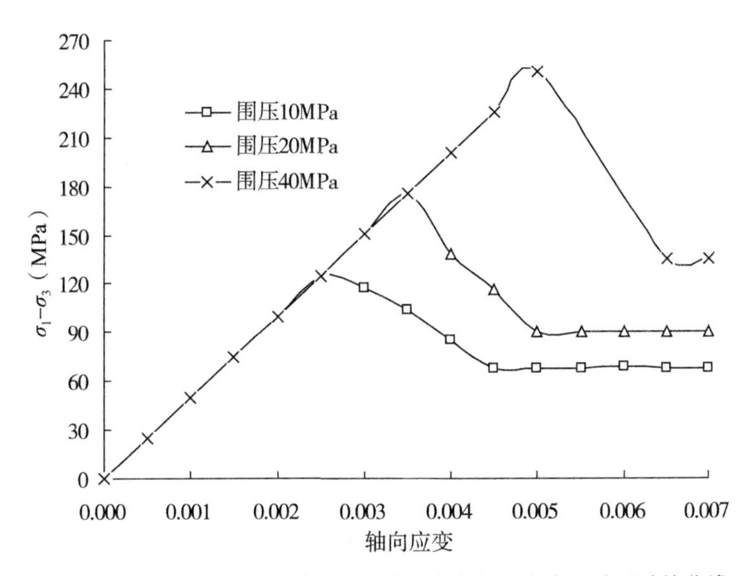

图 5-25　非关联流动、不同围压下轴向应变与主应力差关系计算曲线

（1）围压大小主要对岩体延脆性、临界屈服时各向应变、弹性峰值应力和残余应力有显著影响。在相同流动法则、高围压下，岩体延性较强，其弹性阶段峰值应力较高，屈服点所对应的轴向应变、环向应变和体积应变较大，且达到残余强度后的残余应力较大；反之，在低围压下，岩体脆性较强，其弹性阶段峰值应力较低，屈服点所对应的轴向应变、环向应变和体积应变较小，且达到残余强度后的残余应力较小。

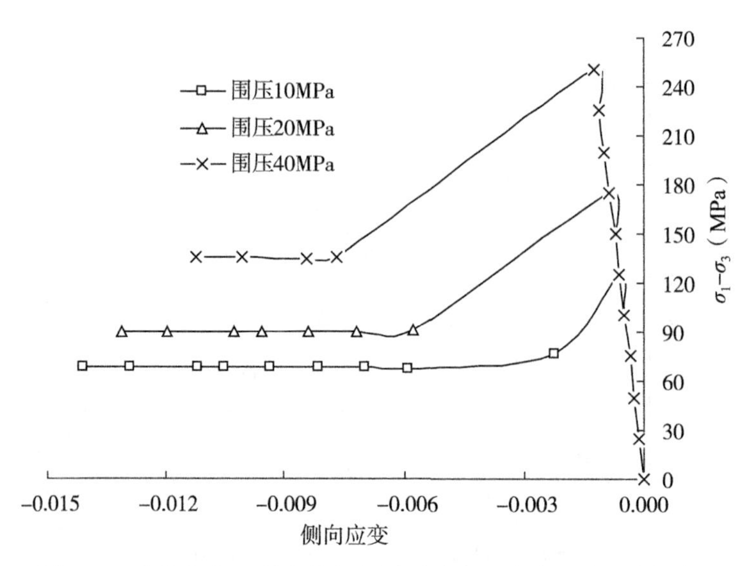

图 5-26　关联流动、不同围压下环向应变与主应力差关系计算曲线

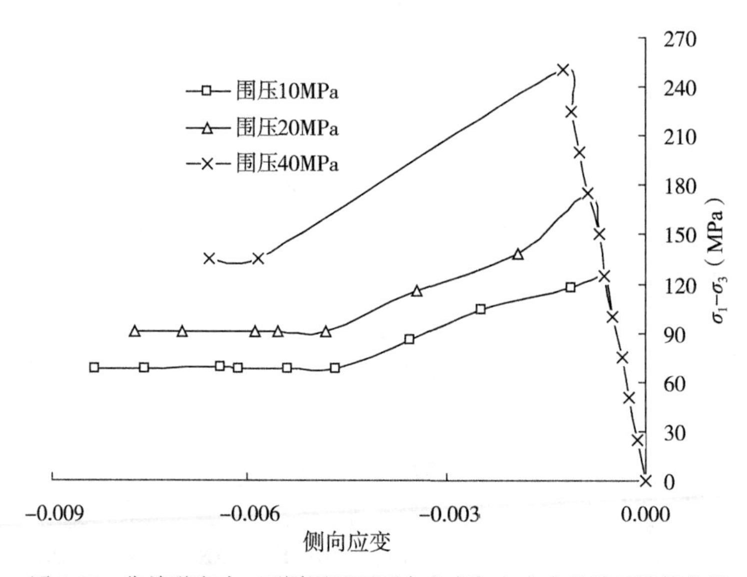

图 5-27　非关联流动、不同围压下环向应变与主应力差关系计算曲线

（2）流动法则选取主要对侧向应变量值和岩石由弹性阶段进入残余强度阶段的快慢有显著影响。在相同围压、关联流动法则条件下，由于剪胀角大，岩石侧向应变量值较大，黏塑性应变累积较快，导致在弹性应力达到峰值后很快进入残余强度阶段；反之，在非关联流动法则条件下，由于剪胀角小，岩石侧向应变量值较小，黏塑性应变累积较慢，导致在弹性应力达到峰值后再到达残余强度阶段所需的时步较长。

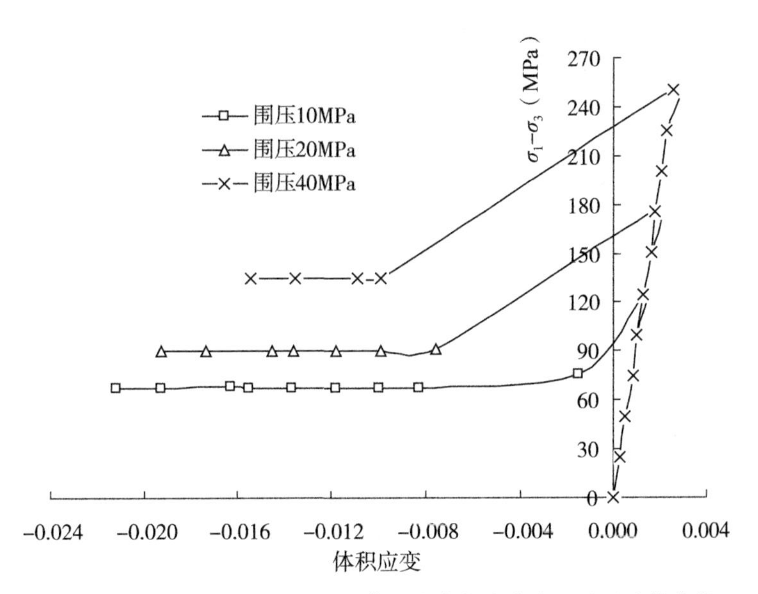

图 5-28　关联流动、不同围压下体积应变与主应力差关系计算曲线

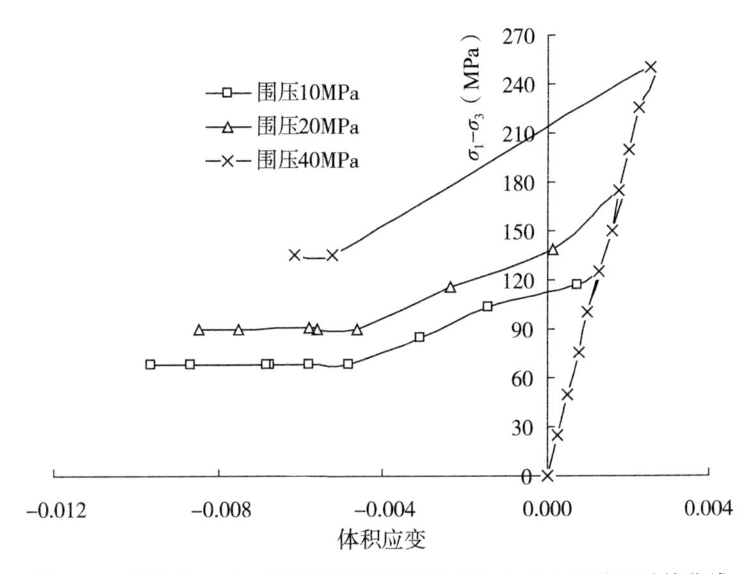

图 5-29　非关联流动、不同围压下体积应变与主应力差关系计算曲线

3）计算曲线与试验曲线对比分析

将如图 5-23～图 5-29 所示的计算曲线与大理岩 MTS 试验曲线（图 5-22）相比，两者存在相似性，即均经历了弹性、应变软化、残余强度阶段；所不同的是，计算曲线不存在试验曲线中弹性段与应变软化段之间的理想塑性阶段。这种差异也可以理解为：岩体进入塑性状态后，虽然等效黏塑性偏应变不断增加，但是各力学参数维持不变；当塑性应变累积达到一定量值时，才出现应变软化现象，并最终进入残余强度阶段。从损伤力学理论来

讲，其实质就是岩体开始计及损伤和达到残余强度时的应变阈值问题。因而，本节所建立的本构模型实则为无应变阈值的应变软化损伤本构模型，它对于描述理想弹脆性岩石试件的应变软化过程是完全适用的。然而，对于其他一些不完全具备上述弹脆性特征的岩石试件，如本章的白山组大理岩试验曲线，在实际应用时还需对该本构模型进行适当修正。

5.3.5 有应变阈值的应变软化损伤本构

为对前面算例中白山组大理岩试验曲线进行拟合，这里只需对 5.3.4 小节中应变软化本构模型作适当修正，即在原先的弹脆性、应变软化阶段中新增理想塑性段。

1. 应变软化损伤本构

在建立有应变阈值的岩石应变软化的损伤本构方程时，需对前面所述的各力学参数损伤变量进行适当修正。定义 $\overline{\varepsilon_{E1}^{vp}}$、$\overline{\varepsilon_{\mu1}^{vp}}$、$\overline{\varepsilon_{c1}^{vp}}$、$\overline{\varepsilon_{\varphi1}^{vp}}$、$\overline{\varepsilon_{\gamma1}^{vp}}$ 分别为岩体开始计及损伤时各力学参数所对应的等效黏塑性偏应变阈值，$\overline{\varepsilon_{E2}^{vp}}$、$\overline{\varepsilon_{\mu2}^{vp}}$、$\overline{\varepsilon_{c2}^{vp}}$、$\overline{\varepsilon_{\varphi2}^{vp}}$、$\overline{\varepsilon_{\gamma2}^{vp}}$ 分别为岩体达到残余强度时的应变阈值。于是，修正后的岩体力学参数损伤变量演化方程为

$$D_E(\overline{\varepsilon_p^{vp}}) = \begin{cases} 0, & \overline{\varepsilon_p^{vp}} \leqslant \overline{\varepsilon_{E1}^{vp}} \\ \left(1 - \dfrac{E_r}{E_0}\right) f_E(\overline{\varepsilon_p^{vp}}), & \overline{\varepsilon_{E1}^{vp}} \leqslant \overline{\varepsilon_p^{vp}} \leqslant \overline{\varepsilon_{E2}^{vp}} \\ 1 - \dfrac{E_r}{E_0}, & \overline{\varepsilon_p^{vp}} \geqslant \overline{\varepsilon_{E2}^{vp}} \end{cases} \tag{5-53}$$

$$D_\mu(\overline{\varepsilon_p^{vp}}) = \begin{cases} 0, & \overline{\varepsilon_p^{vp}} \leqslant \overline{\varepsilon_{\mu1}^{vp}} \\ \left(1 - \dfrac{\mu_r}{\mu_0}\right) f_\mu(\overline{\varepsilon_p^{vp}}), & \overline{\varepsilon_{\mu1}^{vp}} \leqslant \overline{\varepsilon_p^{vp}} \leqslant \overline{\varepsilon_{\mu2}^{vp}} \\ 1 - \dfrac{\mu_r}{\mu_0}, & \overline{\varepsilon_p^{vp}} \geqslant \overline{\varepsilon_{\mu2}^{vp}} \end{cases} \tag{5-54}$$

$$D_c(\overline{\varepsilon_p^{vp}}) = \begin{cases} 0, & \overline{\varepsilon_p^{vp}} \leqslant \overline{\varepsilon_{c1}^{vp}} \\ \left(1 - \dfrac{c_r}{c_0}\right) f_c(\overline{\varepsilon_p^{vp}}), & \overline{\varepsilon_{c1}^{vp}} \leqslant \overline{\varepsilon_p^{vp}} \leqslant \overline{\varepsilon_{c2}^{vp}} \\ 1 - \dfrac{c_r}{c_0}, & \overline{\varepsilon_p^{vp}} \geqslant \overline{\varepsilon_{c2}^{vp}} \end{cases} \tag{5-55}$$

$$D_\varphi(\overline{\varepsilon_p^{vp}}) = \begin{cases} 0, & \overline{\varepsilon_p^{vp}} \leqslant \overline{\varepsilon_{\varphi1}^{vp}} \\ \left(1 - \dfrac{\tan\varphi_r}{\tan\varphi_0}\right) f_\varphi(\overline{\varepsilon_p^{vp}}), & \overline{\varepsilon_{\varphi1}^{vp}} \leqslant \overline{\varepsilon_p^{vp}} \leqslant \overline{\varepsilon_{\varphi2}^{vp}} \\ 1 - \dfrac{\tan\varphi_r}{\tan\varphi_0}, & \overline{\varepsilon_p^{vp}} \geqslant \overline{\varepsilon_{\varphi2}^{vp}} \end{cases} \tag{5-56}$$

$$D_\gamma(\overline{\varepsilon_p^{vp}}) = \begin{cases} 0, & \overline{\varepsilon_p^{vp}} \leqslant \overline{\varepsilon_{\gamma1}^{vp}} \\ \left(1 - \dfrac{\gamma_r}{\gamma_0}\right) f_\gamma(\overline{\varepsilon_p^{vp}}), & \overline{\varepsilon_{\gamma1}^{vp}} \leqslant \overline{\varepsilon_p^{vp}} \leqslant \overline{\varepsilon_{\gamma2}^{vp}} \\ 1 - \dfrac{\gamma_r}{\gamma_0}, & \overline{\varepsilon_p^{vp}} \geqslant \overline{\varepsilon_{\gamma2}^{vp}} \end{cases} \tag{5-57}$$

从式（5-53）~式（5-57）可以看出：当岩体处于弹性阶段，或塑性屈服后累积等效黏塑性偏应变小于开始计及损伤的应变阈值时，各力学参数损伤为零；当累积等效黏塑性偏应变介于开始计及损伤的应变阈值和达到残余强度时的应变阈值之间时，各力学参数均存在不同程度的损伤，但均高于残余强度；当累积等效黏塑性偏应变大于达到残余强度时的应变阈值时，各力学参数损伤程度最严重，均降至残余强度。若岩体各力学参数随累积等效黏塑性偏应变单调递增的函数同样均采用线性函数，则其损伤变量与等效黏塑性偏应变的关系曲线如图 5-30~图 5-34 所示。

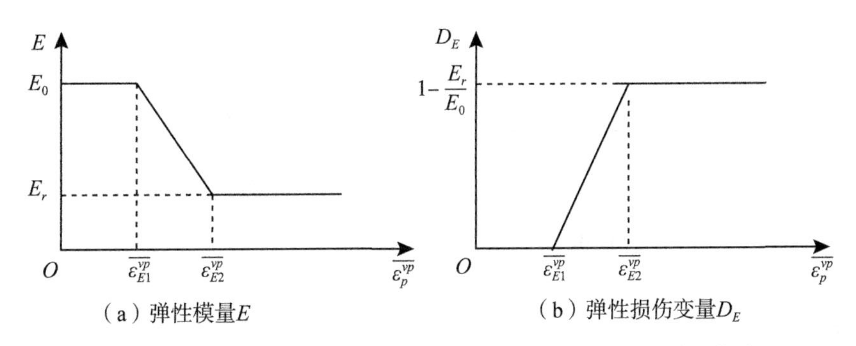

（a）弹性模量E　　（b）弹性损伤变量D_E

图 5-30　弹性模量及其损伤变量与等效黏塑性偏应变的关系曲线

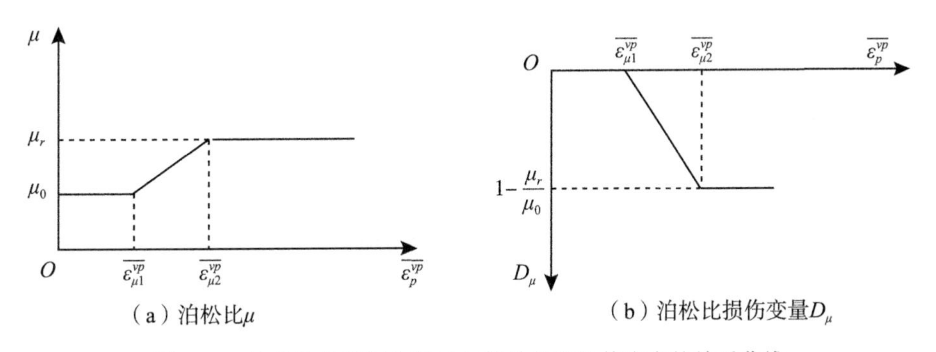

（a）泊松比μ　　（b）泊松比损伤变量D_μ

图 5-31　泊松比及其损伤变量与等效黏塑性偏应变的关系曲线

将上述损伤后的力学指标不断更新至应力松弛计算中，便可以建立基于弹黏塑性损伤的有应变阈值的岩石应变软化本构模型，根据上述技术路线所编制的有限元算法流程图同 5.3.4 小节的图 5-20。

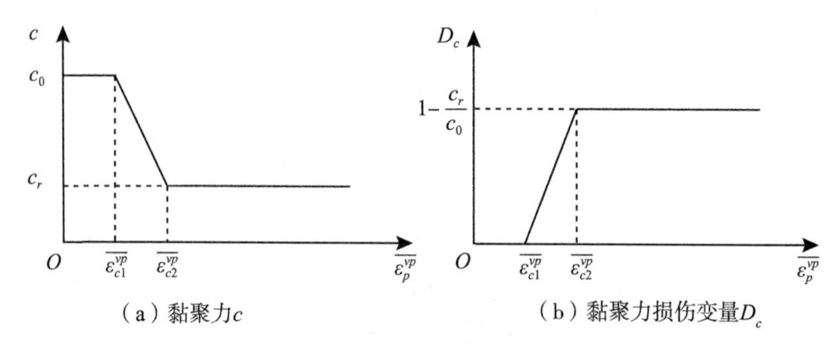

（a）黏聚力c　　（b）黏聚力损伤变量D_c

图 5-32　黏聚力及其损伤变量与等效黏塑性偏应变的关系曲线

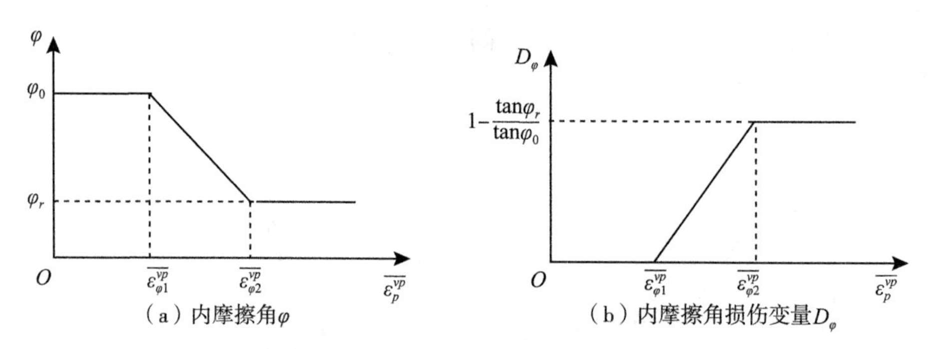

（a）内摩擦角φ　　（b）内摩擦角损伤变量D_φ

图 5-33　内摩擦角及其损伤变量与等效黏塑性偏应变的关系曲线

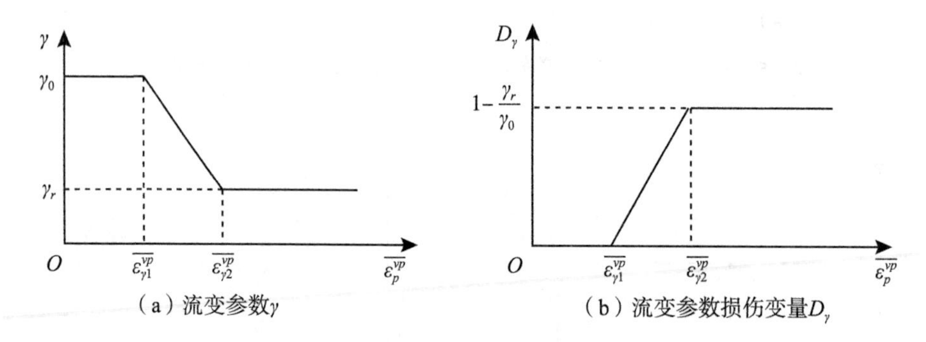

（a）流变参数γ　　（b）流变参数损伤变量D_γ

图 5-34　流变系数及其损伤变量与等效黏塑性偏应变的关系曲线

2. 算例验证

本节中数值模拟有限元模型和计算条件同 5. 3. 4 小节，这里不再赘述。根据常规三轴压缩试验结果，岩体弹性模量、泊松比、黏聚力、内摩擦角（或剪胀角）和流变参数开始计及损伤的应变阈值均初步取为 5.5×10^{-3}，达到残余强度时的应变阈值取为 1.1×10^{-2}。由于前面所述试验曲线为围压 10MPa 条件下所得，因而在数值模拟中也以此作为计算条件，不再进行其他围压对比分析。由于应力松弛计算中塑性流动法则是否关联对计算结果有较大影响，本节中仍然对流动法则的选取进行对比分析。

图 5-35 为关联流动、围压 10MPa 条件下各应变与主应力差关系计算曲线。从图中可以看出，试件的轴向应变、环向应变和体积应变与主应力差关系曲线均经历了上升、一次平稳、下降和二次平稳阶段。与无应变阈值的应变软化损伤本构模型计算曲线相比，两者均存在弹性、应变软化、残余强度阶段，前面已经详细描述各曲线段的应力应变状态，这里不再赘述。所不同的是，有应变阈值的应变软化损伤本构新增了理想塑性段（轴向应变 A_1B_1、环向应变 A_2B_2、体积应变 A_3B_3段）。在试件加载至屈服后，黏塑性应变出现累积，但其量值小于开始计及损伤的应变阈值时，各力学参数损伤为零，岩体力学参数均为初始值，应力始终维持弹性峰值应力，各向应变量值持续增长，呈现理想塑性状态。

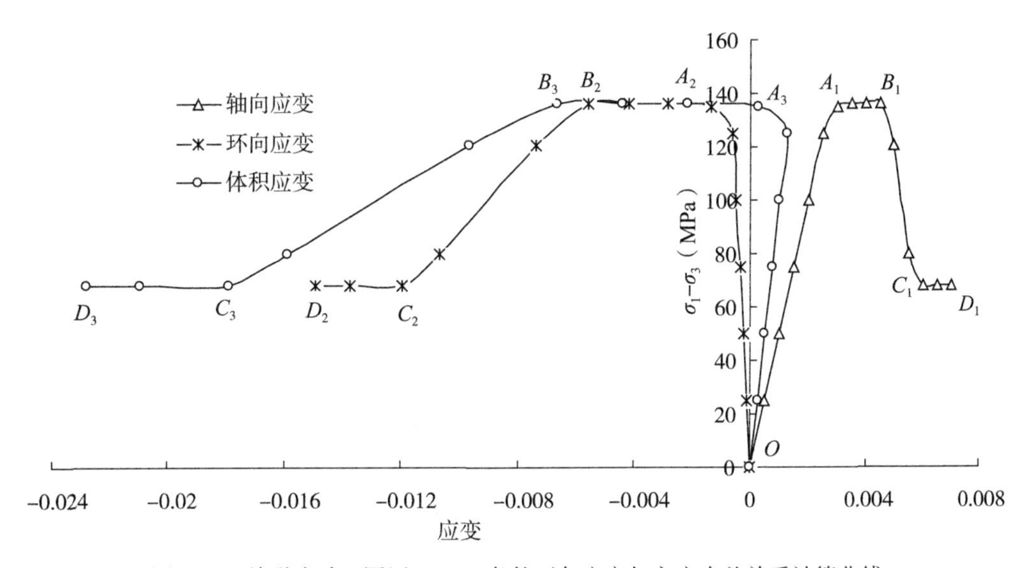

图 5-35　关联流动、围压 10MPa 条件下各应变与主应力差关系计算曲线

与 MTS 试验曲线相比，数值模拟中由于采用关联流动法则，剪胀角较大，导致岩石环向应变相应较大，黏塑性应变累积较快，在进入理想塑性阶段后很快便达到开始计及损伤的应变阈值，迅速进入应变软化阶段。同时，从各向应变量值来看，由于环向应变比轴向应变大，导致相应体积应变增长较快，这与试验曲线中体积应变与环向应变的最终量值基本一致的特点存在差异。因而，可以考虑改用非关联流动法则进行模拟。

图 5-36～图 5-38 为非关联流动、围压 10MPa 条件下各应变与主应力差关系曲线，我们分析这 3 个图可知：采用非关联流动法则后，各向应变与主应力差关系曲线变化规律与量值均能较好地与试验曲线吻合，关联流动法则计算中存在的问题均得到较好的解决。计算结果表明：本节所采用的有应变阈值的应变软化损伤本构模型是合理的，非关联流动法则更适用于本书所模拟的白山组大理岩试件，若要对此类岩体进行损伤松弛效应分析，则

需对前面建立的松弛岩体损伤本构进行适当修正；另外，结合常规三轴压缩试验结果所标定的岩体各力学参数开始计及损伤以及达到残余强度时的应变阈值均较合理，能够十分准确地反映岩石试件应变软化段的起点和终点，极具工程应用价值。

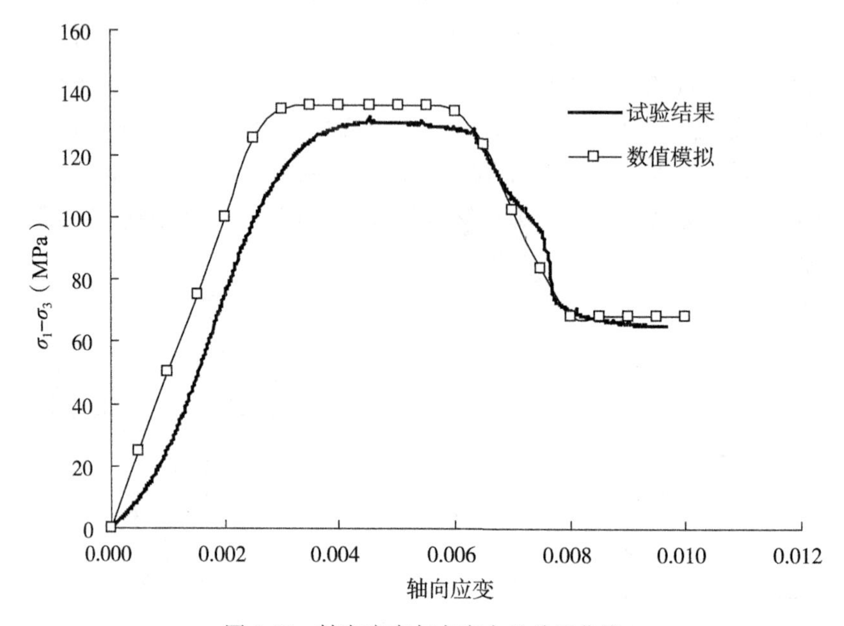

图 5-36　轴向应变与主应力差关系曲线

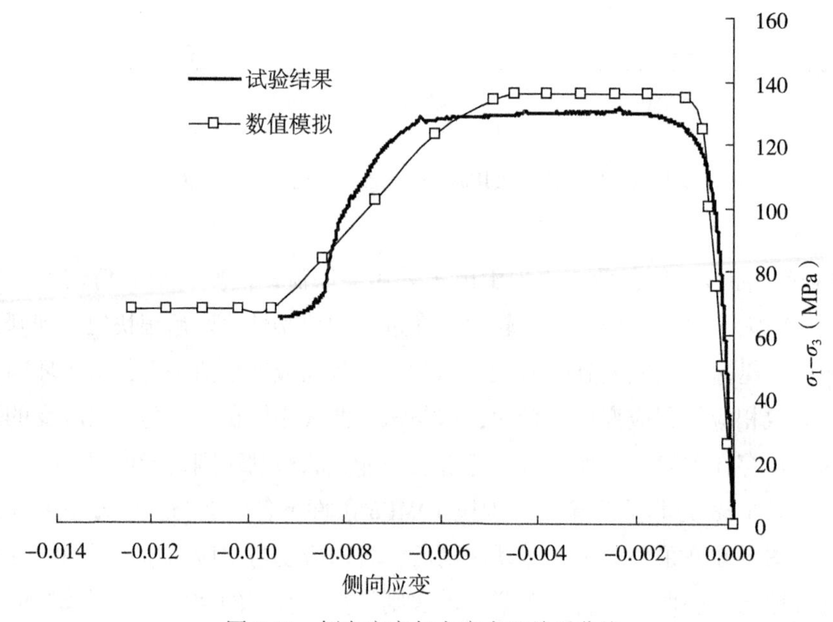

图 5-37　侧向应变与主应力差关系曲线

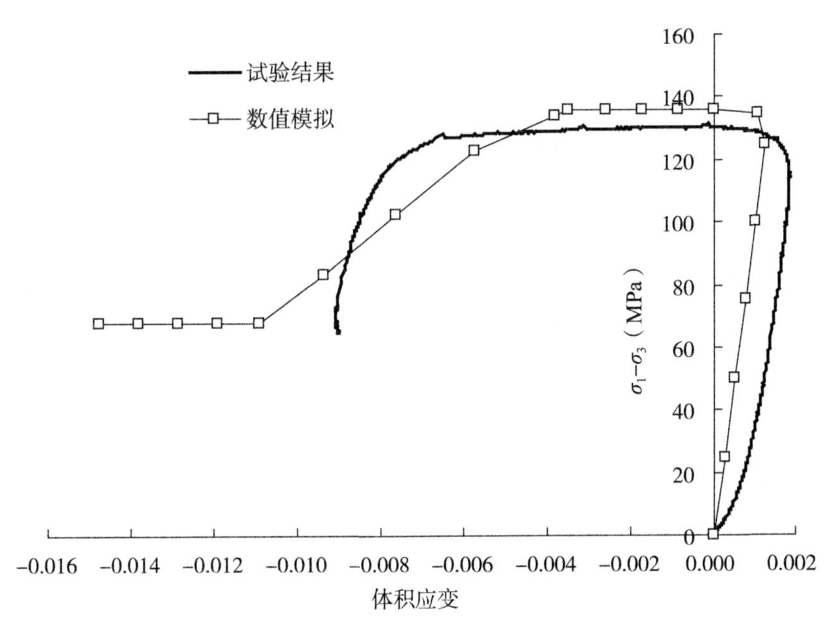

图 5-38　体积应变与主应力差关系曲线

5.4　本章小结

本章通过选取经典弹塑性理论框架内的累积等效黏塑性偏应变作为内变量，建立了松弛岩体各力学参数的损伤变量及演化方程，通过不断更新松弛后的力学参数和调用第 3 章所提出的实用松弛算法，推导建立了一种新的松弛岩体弹黏塑性损伤本构模型，并通过算例考证了该模型的合理性和有效性。同时，针对实际工程应用中累积等效黏塑性偏应变难以确定的问题，本章建立了一套能够标定其具体量值和修正损伤本构模型的数值试验系统 NTS。它通过将松弛岩体弹黏塑性损伤本构建立过程中损伤变量的定义和演化方程引入岩石的应变软化研究中，建立了新的应变软化损伤本构模型，利用计算曲线与 MTS 试验曲线进行对比分析，进而对累积等效黏塑性偏应变阈值和本构模型分别进行标定和修正。最后，结合锦屏二级水电站辅助洞内的白山组大理岩常规三轴压缩试验曲线，对本构模型中应变阈值进行了综合确定，并为此类岩体损伤松弛效应分析的本构模型提供了修正依据，进而验证了 NTS 系统的合理性。

第6章　工 程 应 用

随着我国基础设施建设规模的日益扩大，特别是面临西部大开发的历史机遇，我国水电事业迎来了空前的大发展，一批高坝正在修建或规划之中。由于我国西部多为高山峡谷地区，在工程建设中存在大量的岩石力学问题，其中的岩体损伤松弛问题就是极为突出的问题之一。为合理反映高坝建设中的岩体损伤松弛效应对坝体-地基系统在施工期和运行期的影响，正确评价工程的整体安全性能，十分有必要结合具体的工程项目开展对岩体损伤松弛算法的研究。在本书的前面几章中，已经针对上述工程问题提出了一些新的数值分析方法，本章主要将这些方法与小湾工程实际松弛问题结合起来进行分析。

6.1　工 程 概 况

小湾水电站位于云南省大理白族自治州凤庆县及南涧县境内的澜沧江中游河段上，是澜沧江中下游河段规划的8个梯级电站中的第二级，也是澜沧江中下游河段的龙头水库和巨型电站，属大（1）型一等工程。小湾水电站总装机容量为4200MW，正常蓄水位高程1240m，校核水位高程1243m，最大库容为$151.32\times10^8m^3$，属多年调节水库。枢纽建筑物由拦河大坝，坝身泄洪表、中、底孔，左岸泄洪洞，坝后水垫塘和二道坝、右岸引水发电系统组成。其中拦河大坝为混凝土抛物线变厚度双曲拱坝，坝顶高程1245m，坝基面最低点高程950.5m，最大坝高为294.5m，属超高拱坝（邹丽春等，2017）。图6-1～图6-3分别为小湾水电站枢纽布置三维效果图、坝区地形地貌和枢纽布置平面图。

图6-1　枢纽布置三维效果图

图6-2　坝区地形地貌

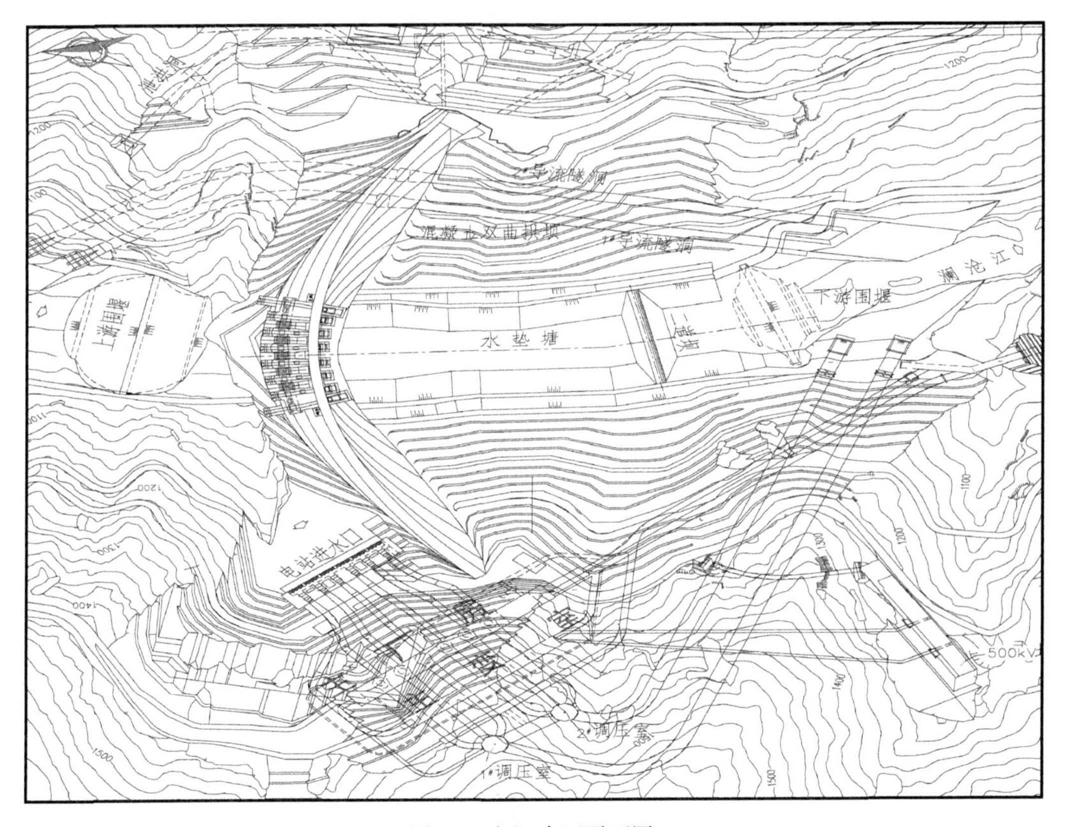

图 6-3 枢纽布置平面图

小湾工程坝址河谷基本呈“V”字形，两岸山体雄厚，岸坡陡峻。水库区位于横断山脉南段，地势北高南低，由于经受强烈的侵蚀切割，形成了高山、峡谷、陡坡地貌景观，自然山坡坡度一般为 20°~45°。两岸横向冲沟发育，其切割深度多在十几米至数十米，呈现出沟梁相间的地貌形态。山梁部位风化、卸荷强烈，变形破裂现象发育，岩体松动；山沟部位多有第四系崩积、坡积碎石土堆积（汤献良，2013）。

边坡地层为时代不明的中深变质岩系（M）及第四系（Q），基岩岩性主要为黑云花岗片麻岩和角闪斜长片麻岩，两种岩层均夹薄层透镜状片岩。岩层呈单斜构造，横河分布，陡倾上游；主要构造走向近 EW，断裂构造较发育。结构面按产状主要分为三组：近 EW 向陡倾角组、近 SN 向陡倾角组和顺坡向中缓倾角组。地下水以基岩裂隙潜水为主，埋深一般 40~70m，地应力属中等偏高。

工程建筑物布置区段内无Ⅰ级断层分布，Ⅱ级断层仅有 F_7。F_7 在坝前右岸大椿树沟至左岸饮水沟一线通过，与坝踵之间最近距离约 50m。F_7 总体产状近 EW，破碎带总宽 18~37m，其中主裂带宽度一般为 0.8~2.5m，主要由断层泥和泥化糜棱岩组成。Ⅲ级断层有 F_5、F_{10}、F_{11} 等 10 余条，以陡倾角为主，均为压扭性断层，一般在断层两面侧壁部位分布宽数十厘米的断层泥、泥化糜棱岩。Ⅳ级结构面的小断层 f 和挤压面 g_m 发育。此外，两岸建基面的岩体中均赋存部分地质缺陷，其中左岸主要有发育的Ⅳ级结构面、局部坝趾部位残留的卸荷岩体和偶见发育的蚀变岩体，右岸则有Ⅲ级断层 F_{11}、Ⅳ级结构面、属Ⅲb 类岩体的微风化卸荷岩体和裂面高岭土化岩体、蚀变岩体。工程区域内主要岩体的地质力学参数见表 6-1。

表 6-1　　**岩体的物理力学参数**

岩性	弹性模量 E（MPa）	泊松比 μ	黏聚力 c（MPa）	内摩擦角 φ（°）	容重 γ（kN/m³）
微风化	25000	0.22	2.200	56.31	25.4
弱风化	22000	0.26	2.000	56.31	25.1
F_5	1500	0.35	0.375	40.36	24.2
F_7	100	0.35	0.020	11.31	24.2
F_{10}	400	0.35	0.300	38.66	24.5
F_{11}	500	0.35	0.035	19.29	24.5
f_{10}、f_{11}、f_{14}	2000	0.35	0.350	38.66	24.7
饰变带（E_1、E_4、E_5）	2500	0.35	0.035	21.80	24.8

2005 年底，当坝基开挖至设计高程、工程即将进入混凝土浇筑阶段时，现场低高程部位（975m 以下）坝基开挖揭露出十分严重的岩体松弛现象，图 6-4 为小湾工程坝基典型松弛现象。由于开挖前岩体内的初始地应力很高，坝基附近岩体最高超过 30MPa，导致坝基岩体开挖后损伤松弛非常严重，岩体内出现明显的卸荷裂隙，坝基岩体的变形指标及强度的降低幅度较大。

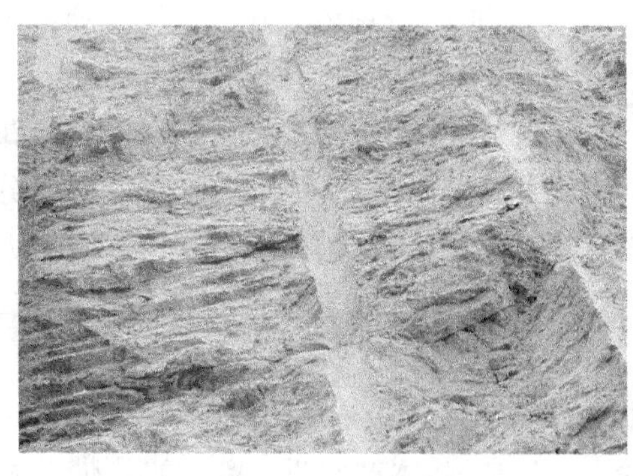

（a）“葱皮”

（b）岩爆

图 6-4　小湾工程坝基典型松弛现象

根据现场地质勘测资料，坝轴线断面975m高程以下坝基的松弛情况简化如图6-5所示，松弛前后该高程以下岩体的变形及强度指标如表6-2所示。结合图表我们可以看出：975m高程以下Ⅰ区松弛影响程度最大，弹性指标降幅达55%，强度指标也大幅降低；Ⅱ区范围的松弛影响程度次之，弹性指标降幅为40%；Ⅲ区范围的松弛影响程度最小，弹性指标降幅为25%，强度指标降幅亦较大。

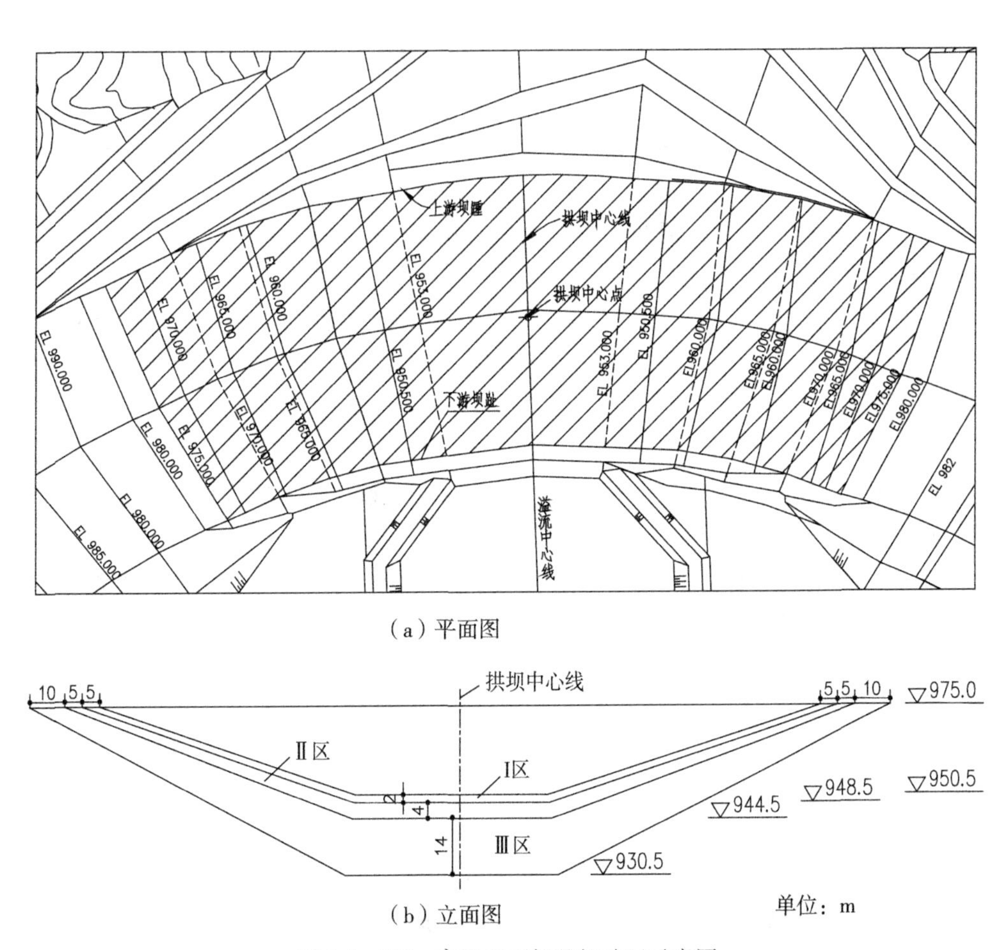

（a）平面图

（b）立面图

图6-5　975m高程以下坝基松弛区示意图

表6-2　**975m高程以下岩体松弛前后变形及强度参数对比**

松弛状态	弹性模量 E（GPa）	泊松比 μ	黏聚力 c（MPa）	摩擦系数 f	松弛分区
松弛前	20	0.28	1.80	1.40	
松弛后	9	0.29	0.30	0.80	Ⅰ区
	12	0.28	0.78	0.98	Ⅱ区
	15	0.28	1.29	1.19	Ⅲ区

针对小湾拱坝施工过程中出现的损伤松弛问题和拟采用的工程处理措施，前期已委托国内高校开展拱坝变形和破坏机理等关键技术问题的研究，及时地为工程处理方案的论证提供了重要依据。由于岩体的损伤松弛过程往往要经历较长的时间，因此如何合理地描述坝基开挖期间以及坝体浇筑期间的松弛效应，对后续拱坝仿真反馈分析与信息化动态跟踪研究极其重要。

6.2 研究技术路线

为合理反映不同施工阶段坝基岩体的损伤松弛效应，研究其对坝体-地基系统的影响，仿真计算必须依照下面 3 个步骤逐步展开：反演坝址区初始地应力场、模拟坝基开挖过程、模拟坝体浇筑过程，并在后两个阶段中采用相应的算法进行松弛效应分析。具体的仿真计算技术路线制定如下。

（1）建立小湾工程坝址区的大范围模型，对坝址区初始地应力场进行一次计算；然后，考虑主要断层和软弱结构面，建立坝址区局部模型，根据一次计算中获得的位移场，插值到局部模型边界面上，以此作为边界条件对其初始地应力场进行二次计算。

（2）模拟坝基开挖过程，利用松弛前后的岩体力学参数进行松弛效应分析，根据滑动测微计位移流变监测曲线反演得到松弛岩体的流变参数，并据此提供第一仓坝体混凝土浇筑时刻基岩的地应力场。

（3）从第一仓坝体混凝土浇筑时刻开始，按照实际施工过程，考虑松弛区基岩的综合变形模量随上覆混凝土压重变化，对大坝进行仿真分析。

6.3 坝址区初始地应力场反演

6.3.1 地应力测点布置及成果

小湾工程坝址区地应力测点平面布置如图 6-6 所示，该区域内主要有 15 组空间应力测点，其中左岸 3 个测点分别为 PD8、PD14、PD104，右岸 12 个测点分别为厂主1、厂主2、厂支、PD7、PD13、PD13-1、PD13-2、PD13-3、PD15、PD57-1、PD57-3 和 PD77。从分布上看，所有测点位置均极具代表性，可以较好地反映整个坝址区初始地应力场。但由于有的测点应力误差较大，有的则处于强风化带，应力分布比较杂乱，同时兼顾到反演的计算量问题，故优选其中的 8 组作为拟合目标，其余 7 组仅用于参考。

从三维地应力测试成果来看：最大主应力随埋深增加而增大，其方位在上覆岩层较浅区域呈 SN 向，随垂直埋深的增加而发生变化；地下厂房硐测得最大主应力方位大致为 NWW 向，最大主应力量值为 10~21MPa。坝址区各测点的主应力分布规律大致为：第一主应力 σ_1 垂直河谷呈横河向，量值为 2~7MPa；第二主应力 σ_2 垂直河谷呈铅直向，量值为 6~16MPa；第三主应力 σ_3 与河流方向平行呈顺河向，量值为 8~21MPa。实测结果表明：坝址区为中高地应力区，构造应力场为近南北向主压应力场。

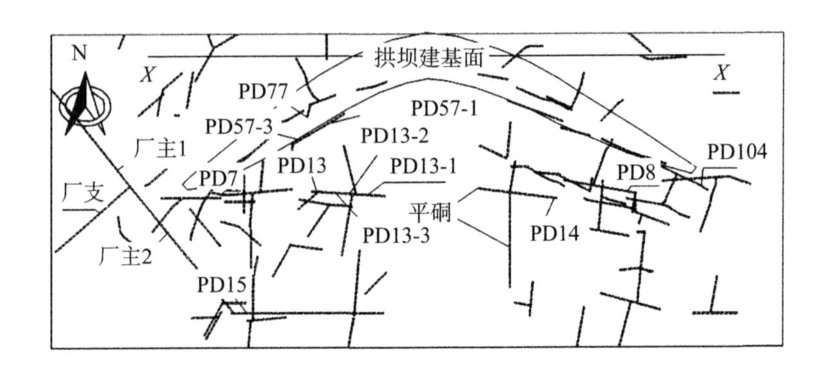

图6-6 地应力测点平面布置图

6.3.2 一次反演分析

考虑到坝址选在Ⅱ级断层 F_5、F_7 之间，为消除边界效应对坝址区产生过大的影响，在建立计算模型时，分别取从 F_5、F_7 两侧（南侧、北侧）移动一定距离后作为纵向边界。为简便起见，这2个边界都取为正南北向。为考虑河流大转弯的影响，南北范围取得较大。在确立横向边界时，为尽量选取地形上的中性面（山脊面）作为模型边界，选取了右岸一个大平台的山脊线作为西侧边界，而沿河谷与之对称的面作为东侧边界。同时，为尽可能减小底部边界约束对计算结果的影响，底部边界离河床的高度大致为坡体高度的1.5倍。

通过上述方法建立起来的有限元计算模型，坐标原点在实际大地坐标的位置为(13000m，36000m，0m)，x 轴正向为正东方向，y 轴正向为正北方向，z 轴正向为垂直向上。在垂直方向上底部高程为-300m，顶部为1900m；在平面上，东西向沿河谷向两侧延伸近3000m，南北向范围近6500m。

考虑到坝区构造线主要是EW向，且该方向上除 F_5、F_7 外，其他断层规模都较小，不致对应力场带来较大影响。为尽可能简化计算单元的划分，在建立计算模型时主要考虑地形、地势和 F_5、F_7 两条大断层的影响。采用八节点等参单元将计算模型共离散为25000个单元，27846个节点，一次反演模型有限元网格如图6-7所示。

因东、西两侧边界基本上是以山脊（或斜坡平台）为界，它们可看作地貌上的中性面，既可作为约束边界，也可作为水平荷载边界（中性面上无剪切应力作用）。考虑到模型的对称性，在模型的东侧、北侧边界设置水平支座以分别提供 x 和 y 轴向的水平约束；底部边界设置垂直支座以提供 z 轴向的约束。由于该区的构造应力主要为在第四纪以来构造运动所形成的近SN向残余构造应力，所以在施加荷载边界时模型西侧为呈线性增加的水平自重应力和较小的残余构造应力，南侧同时施加自重应力和构造应力。

由于澜沧江由北向南流经坝段时，在其下游不到5km的范围内河流发生近180°的大转弯，河流的切割使得坝址区左岸山体基本是一个孤立的“半岛”。这种地貌形态必然造

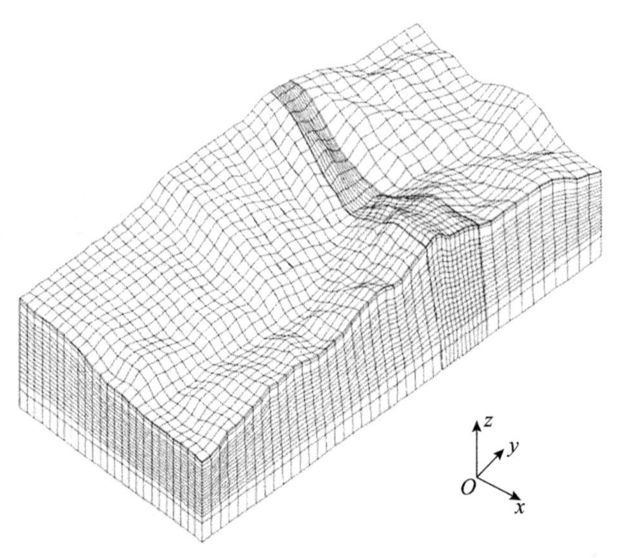

图 6-7　一次反演模型有限元网格

成坝址区左岸河床以上的山体基本上不可能存在近 SN 向的构造应力作用（即使原来存在，随着河谷的形成与下切，构造应力也会基本上得到完全释放）。因此，在最终计算时，南侧边界包含了河流转弯的一部分，在南侧边界区域同时作用自重应力和构造应力时，河床以上的左岸山体也施加自重应力和构造应力作用。由自重应力产生的侧向压力为

$$\sigma_x = \frac{\mu}{1-\mu}\gamma h \tag{6-1}$$

式中：h 为深度，实际计算中取为 $\sigma_x = 0.01h$。高度计算从坡顶最高处算起，由于两岸的最高坡顶有差别，计算中西侧和南侧高程均取为 1800m。

一次反演主要考虑的因素：岩体自重、地质构造作用。待反演的荷载参数主要有重力因子 r_1，模型西侧边界均匀分布面荷载 r_2 和南侧边界均匀分布面荷载 r_3。在实际反演时，主要考虑了实测点的 3 个正应力大小，通过反复调整模型的构造应力场参数，选择其中较好的 8 组作为拟合目标，进行了大量的计算。通过对各组结果对比得出：当重力因子 $r_1 = 1.57$，EW 向均匀分布荷载 $r_2 = 0.42$MPa，NS 向均匀分布荷载 $r_3 = 7.02$MPa，同时作用有自重引起的水平应力，所选实测点的实测值与计算值综合考虑时达到最佳拟合状态。反演的重力因子 $r_1 > 1.0$，说明该地区地表剥蚀作用比较明显（易达等，2003）。

利用上述反演出的边界荷载条件进行弹黏塑性有限元计算，最终收敛得到坝址区大范围一次反演模型的初始地应力场。计算结果表明：该地应力场主要表现为压应力，最大主压应力大小随埋深增加而增大，其方位呈近顺河向；地下厂房硐附近测点主压应力量值较大，明显高于其他部位地应力测点量值。优选的 8 组测点实测值和一次反演应力值对比见表 6-3，从表中可以看出：①8 组测点一次反演计算值与实测值均较接近；②所有测点反演主应力与实测主应力分布规律基本一致，即 σ_1 垂直河谷呈横河向，σ_2 垂直河谷呈铅直向，σ_3 与河流方向平行呈顺河向。

表 6-3 地应力实测值与计算值对照表

位置	取值类型	σ_x(MPa)	σ_y(MPa)	σ_z(MPa)	τ_{xy}(MPa)	τ_{yz}(MPa)	τ_{zx}(MPa)	σ_1(MPa)	σ_2(MPa)	σ_3(MPa)	误差 1(%)	误差 2(%)	误差 3(%)
PD7	实测值	-3.90	-9.20	-6.60	0.60	0.80	3.80	-1.11	-8.99	-9.60			
	一次反演	-4.60	-8.62	-7.28	0.18	-0.33	3.32	-2.36	-8.49	-9.65	9.48	13.68	10.21
	二次计算	-4.11	-9.63	-5.99	0.45	0.19	4.68	-0.25	-9.57	-9.90	6.47	10.56	8.18
PD104	实测值	-6.10	-6.80	-5.60	0.10	-0.50	3.80	-2.02	-6.76	-9.72			
	一次反演	-4.79	-6.04	-6.91	0.37	0.20	3.56	-2.09	-6.08	-9.56	18.69	18.91	5.85
	二次计算	-5.37	-6.31	-4.91	0.78	0.14	3.88	-1.18	-6.31	-9.10	10.43	12.82	9.47
PD13	实测值	-6.90	-14.40	-8.40	-0.40	0.50	3.30	-4.27	-10.92	-14.52			
	一次反演	-6.06	-10.24	-7.03	0.40	0.09	3.05	-3.44	-9.58	-10.31	24.72	24.83	24.09
	二次计算	-6.14	-11.99	-7.55	0.26	0.12	4.28	-2.50	-11.18	-12.01	14.78	16.02	16.52
PD15	实测值	-8.40	-13.60	-12.50	0.80	-0.80	3.70	-6.21	-12.93	-15.36			
	一次反演	-6.73	-11.92	-9.61	0.49	-0.29	3.05	-4.79	-11.19	-12.28	18.41	18.59	18.14
	二次计算	-6.62	-12.39	-9.97	0.57	-0.85	4.40	-3.58	-11.63	-13.76	16.37	16.47	15.90
厂主 1	实测值	-7.80	-15.60	-15.90	0.33	0.90	7.10	-3.63	-15.56	-20.11			
	一次反演	-7.51	-13.51	-15.90	-0.03	-0.31	3.85	-6.01	-13.50	-17.42	8.94	16.52	16.12
	二次计算	-7.91	-13.49	-15.15	-0.46	-0.40	5.90	-4.57	-13.53	-18.46	9.50	12.01	10.82

续表

位置	取值类型	σ_x(MPa)	σ_y(MPa)	σ_z(MPa)	τ_{xy}(MPa)	τ_{yz}(MPa)	τ_{zx}(MPa)	σ_1(MPa)	σ_2(MPa)	σ_3(MPa)	误差1(%)	误差2(%)	误差3(%)
厂主2	实测值	-7.10	-12.00	-13.70	0.30	0.40	2.80	-6.04	-12.00	-14.76			
	一次反演	-6.66	-12.76	-11.49	0.16	-0.56	2.95	-5.26	-12.25	-13.41	12.17	13.02	7.91
	二次计算	-6.84	-12.81	-11.66	-0.08	0.25	4.96	-3.73	-12.78	-14.79	11.31	15.78	12.22
厂支	实测值	-6.90	-14.70	-16.50	0.10	0.60	4.10	-5.38	-14.63	-18.10			
	一次反演	-7.16	-13.35	-14.88	0.04	-0.56	3.27	-5.96	-13.25	-16.18	9.18	10.88	10.19
	二次计算	-6.64	-12.52	-15.93	-0.38	-0.02	6.34	-3.42	-12.53	-19.15	9.80	13.96	12.80
PD57-3	实测值	-5.13	-7.67	-5.61	0.26	0.99	2.22	-2.98	-7.15	-8.28			
	一次反演	-4.19	-7.87	-4.84	-0.07	0.00	2.23	-2.27	-6.76	-7.87	11.40	14.58	8.01
	二次计算	-4.48	-7.90	-4.75	0.04	0.22	3.26	-1.35	-7.76	-8.02	10.21	15.48	15.52

注:误差1仅考虑3个正应力分量,误差2考虑了6个应力分量,误差3考虑了3个主应力。

整体而言，一次反演计算得到的初始地应力场与实测地应力场分布规律一致。但由于一次反演模型暂未考虑岩层、层间及层内错动带、Ⅲ级断层（如 F_3、F_{11} 等）、Ⅳ级破裂结构面、风化卸荷、发育节理、蚀变带（如 E_1、E_4 等）等地质条件的影响，所得初始地应力场在局部区域与实测结果相差较大，有待于后续计算逐步完善。

6.3.3 二次计算分析

初始地应力场二次计算时，精细模拟了坝址区局部范围内的主要地质构造（如断层、蚀变带、软弱结构面等），建立一个范围相对小的坝基开挖松弛效应分析精细子模型，通过在一次反演模型的位移场中插值得到二次计算子模型的位移边界条件，进行弹黏塑性迭代计算，最终得到坝基开挖松弛效应分析子模型区域的初始地应力场。由于子模型充分考虑了坝址区主要地质构造，最终反演的初始地应力场将更接近真实地应力场分布。

记初始地应力场一次反演的有限元模型为整体模型，将坝基开挖松弛效应分析的二次计算有限元模型定义为子模型。

初始地应力场二次计算过程如下。

(1) 建立坝基开挖松弛效应分析的有限元模型，即子模型，共剖分为 370145 个单元、156282 个节点，见图 6-8。其中，该模型含开挖单元 83077 个，且开挖过程的模拟大致为：1030m 高程以上按 20m 一个台阶进行，该高程以下则按 10m 进行，共分为 19 个开挖步。

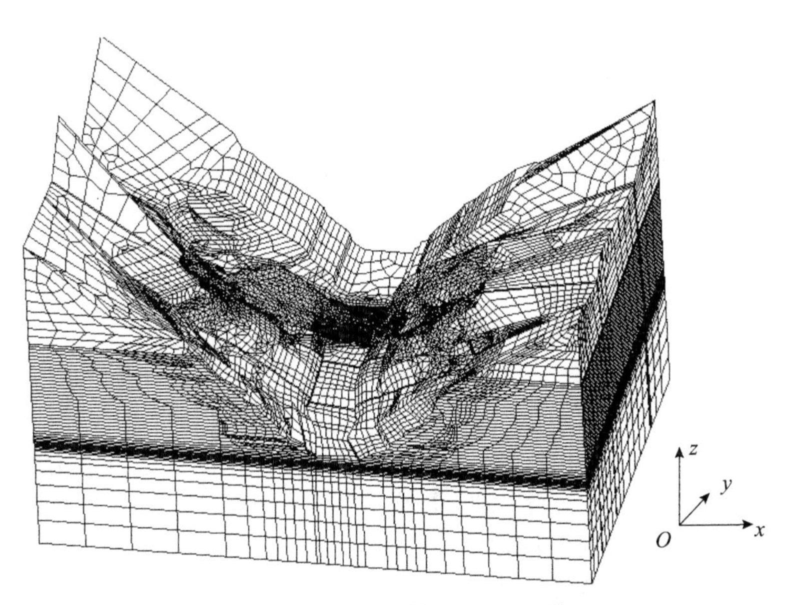

图 6-8 二次计算模型有限元网格

子模型的坐标系 3 个方向与整体模型一致，但原点位置移至（13400m，36600m，0m），在垂直方向上底部高程为 660m，顶部为 1626m，高度约 966m；在水平面上，东西向沿河谷向两侧延伸近 1424m，南北向范围近 935m。与整体模型相比，子模型在东西向、南北向和铅直向延伸范围分别为原先的0.47倍、0.14倍和0.44倍，计算范围大幅缩小。但子模型中考虑了影响初始地应力场的主要软弱结构面，分别为：Ⅲ级断层（F_3、F_{11}、F_{10}、F_{20}等）、Ⅳ级破裂结构面（f、g_m等）、蚀变带（E_1、E_4、E_5、E_8、E_9、E_{10}等）、层间及层内错动带等。

（2）通过插值程序获得子模型位移边界条件。

（3）在子模型中首先施加位移边界条件和岩体自重荷载，然后通过弹黏塑性迭代，得到子模型区域的初始地应力场。

二次计算后优选的8组地应力测点应力值见表6-3。根据二次计算结果，绘制坝址区初始地应力场坝基中心点横河向 *X-X* 剖面的正应力、主应力等值线，如图6-9~图6-14所示。同时，结合表6-3分析，我们可以得到以下认识。

（1）受地形地貌和地质构造的影响，坝址区构造应力场为近SN向、中高量值主压应力场，其方向与河流走向基本一致。

（2）河谷两岸各正应力（除顺河向外）与主应力大小和方向基本对称，均为横河顺坡向，倾角小于岸坡坡度；河谷底部应力集中程度不高，无应力包现象；最大主压应力大小随埋深增加而增大，其方位在浅层呈近顺河向，且随垂直埋深增加而略有变化；地下厂房硐附近主压应力量值比其他部位大。

（3）横河向 *X-X* 剖面 σ_x 应力量值范围为1~14MPa，其中河谷部位为6~8MPa，随着垂直埋深的增加而逐渐增大至14MPa；σ_y 应力量值范围为2~16MPa，其中右岸应力水平比左岸高3MPa左右，且 σ_y 应力河谷部位约为5MPa，随着垂直埋深的增加而逐渐增大至16MPa；σ_z 应力量值范围为0~30MPa，其中河谷953m高程部位约为2MPa，随着垂直埋深的增加而逐渐增大至22MPa。

（4）横河向 *X-X* 剖面左右岸主应力均为受压，第一主应力 σ_1 量值范围为0~14MPa，第二主应力 σ_2 量值范围为0~16MPa，第三主应力 σ_3 量值范围为2~30MPa；最大主压应力大小随埋深增加而增大，河谷部位量值约为8MPa，埋深最大处约为22MPa，且其方位也略有变化。

（5）优选的8组测点二次计算值与实测结果吻合得较好，比一次反演结果精度更高，且主应力方向与实测分布规律基本一致。

6.3.4 反演精度分析

初始地应力场反演时，一次反演模型没有考虑岩层、层间及层内错动带、Ⅲ级断层、Ⅳ级破裂结构面、风化卸荷、发育节理、蚀变带等地质条件，而二次计算模型充分考虑了所有影响初始地应力场的主要软弱结构面。一次反演、二次计算应力结果与实测值对比分析时，相对误差仍采用2-范数进行计算。从表6-3中可以看出：优选的8组地应力测点一次反演正应力和实测值的相对误差分别为9.48%、18.69%、24.72%、18.41%、8.94%、12.17%、9.18%、11.40%，应力张量各分量的相对误差分别为13.68%、18.91%、24.83%、18.59%、16.52%、13.02%、10.88%、14.58%，主应力的相对误差分别为10.21%、5.85%、24.09%、18.14%、16.12%、7.91%、10.19%、8.01%；二次计算正应力和实测值的相对误差分别为6.47%、10.43%、14.78%、16.37%、9.50%、11.31%、

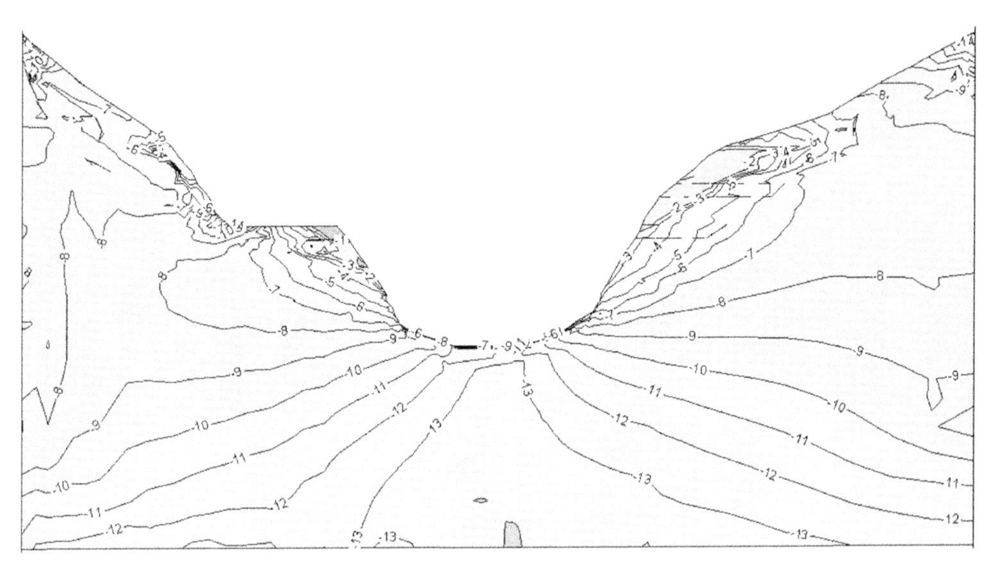

图 6-9　横河向 *X-X* 剖面 σ_x 等值线图（MPa）

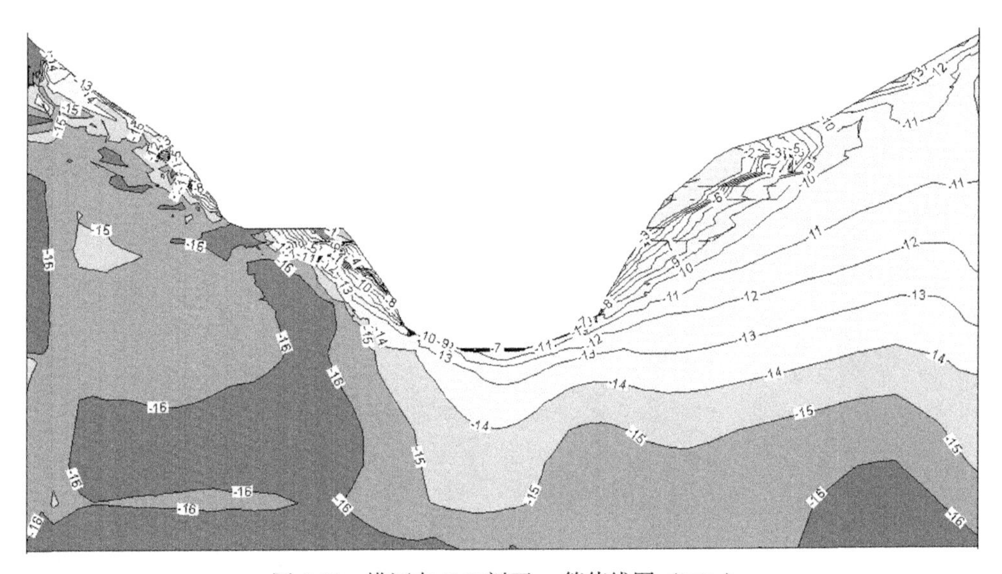

图 6-10　横河向 *X-X* 剖面 σ_y 等值线图（MPa）

9.80%、10.21%，应力张量各分量的相对误差分别为 10.56%、12.82%、16.02%、16.47%、12.01%、15.78%、13.96%、15.48%，主应力的相对误差分别为 8.18%、9.47%、16.52%、15.90%、10.82%、12.22%、12.80%、15.52%。比较上述数据可知：正应力相对误差除厂主 1、厂支两个测点的二次计算比一次反演略大外，其余 6 个测点均有较大改善；应力张量各分量相对误差除厂主 2、厂支和 PD57-3 三个测点的二次计算比一次反演略大外，其余 5 个测点均有显著降低；PD7、PD13、PD15、厂主 1 四个测点的

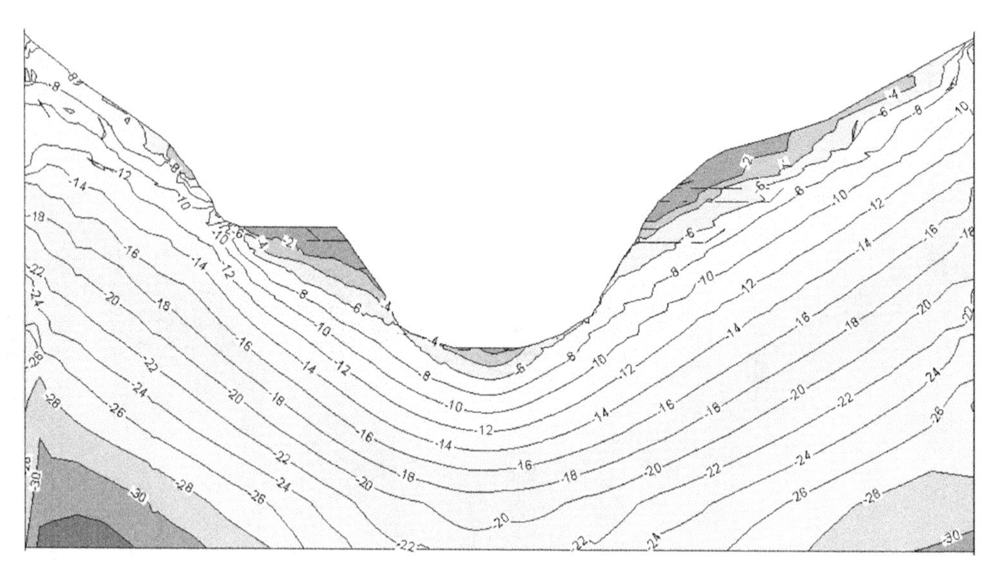

图 6-11　横河向 X-X 剖面 σ_z 等值线图（MPa）

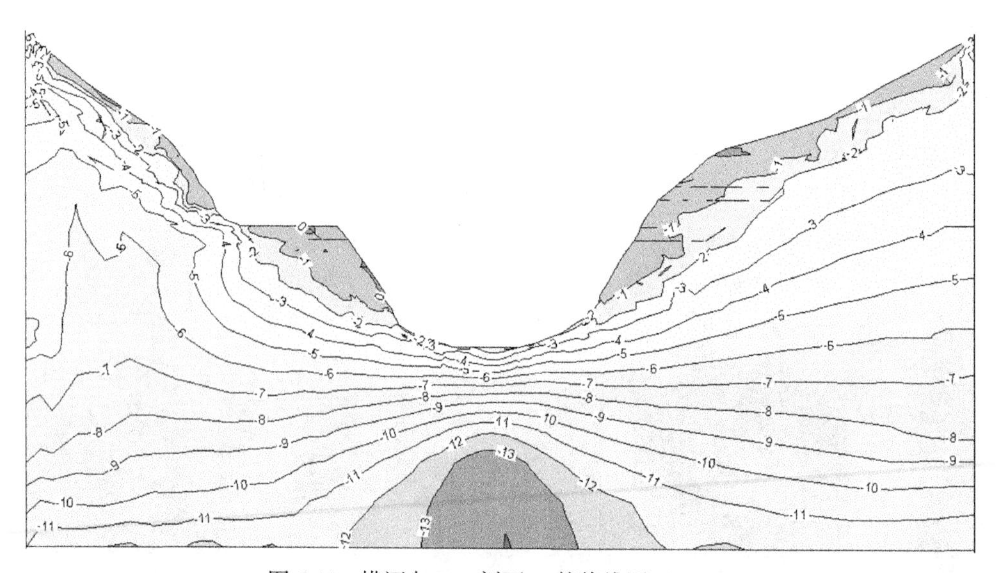

图 6-12　横河向 X-X 剖面 σ_1 等值线图（MPa）

主应力相对误差降低明显，而 PD104、厂主 2、厂支、PD57-3 四个测点的主应力相对误差则略微增大。

从上述分析可以看出，地下厂房附近测点二次计算后误差均略有增大，这是由于该计算模型主要用于坝基开挖松弛效应分析，虽充分考虑了开挖面附近的地质条件，但未对地下厂房进行精确模拟所致。总体而言，二次计算改善了一次反演所得初始地应力场精度，大部分测点应力值更接近实测值，相对误差也逐渐减小，可将其应用于后续坝基开挖松弛效应分析中。

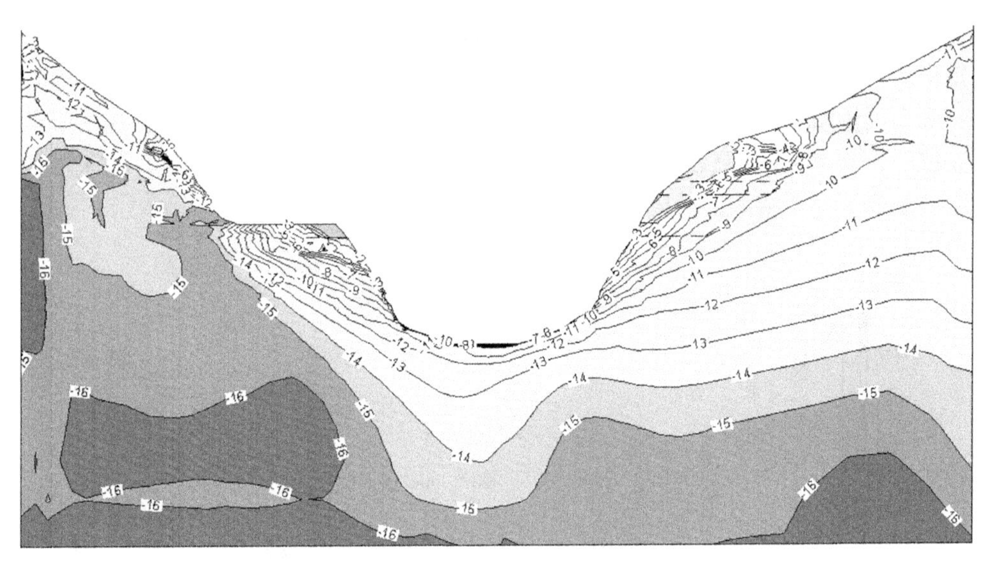

图 6-13 横河向 X-X 剖面 σ_2 等值线图（MPa）

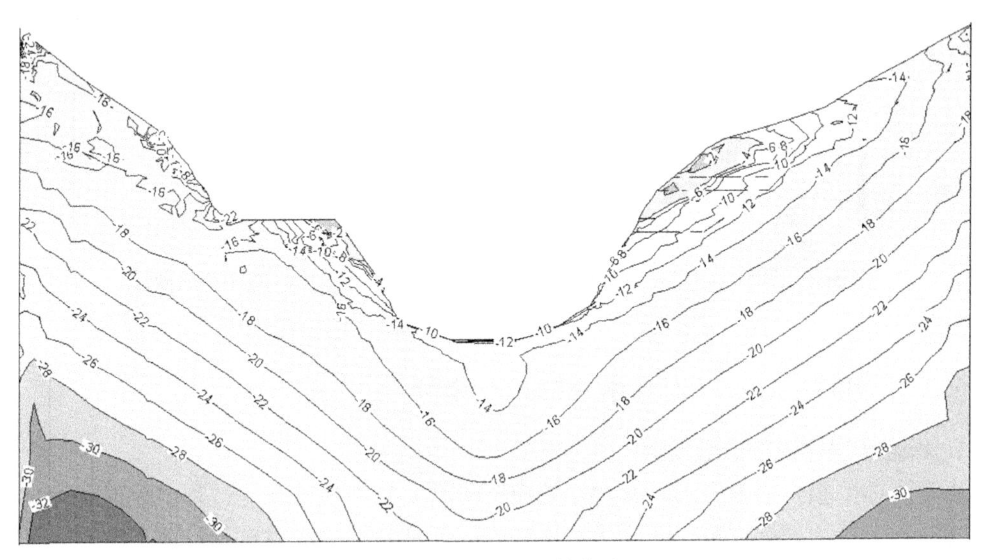

图 6-14 横河向 X-X 剖面 σ_3 等值线图（MPa）

6.4 坝基开挖期间的松弛效应分析

6.4.1 开挖至 953m 高程整体应力应变规律

图 6-15 为坝基开挖至 953m 高程时横河向剖面合位移矢量图，分析可知：开挖完成后，坝基面中心线上所有节点位移矢量均指向开挖临空面，且铅直向位移均为正，符合一

般规律。其中，953m 高程开挖面位移矢量主要为铅直向，向上位移 10～12mm，开挖面以下铅直向位移随着埋深的增加而逐渐降低；而该高程以上坝基面位移矢量方向为逆坡向上，其量值一般在 12mm 以上，明显高于低高程量值。图 6-16 为开挖至 953m 高程时横河向剖面应力矢量图，从图中可以看出：横河向剖面主压应力基本沿顺坡向，浅层倾角略小于岸坡坡度，其中 953m 高程主应力方向平行河谷，量值约为 7MPa；随着埋深增加，最大主应力量值也逐渐增大，其应力矢量方向也略有变化。

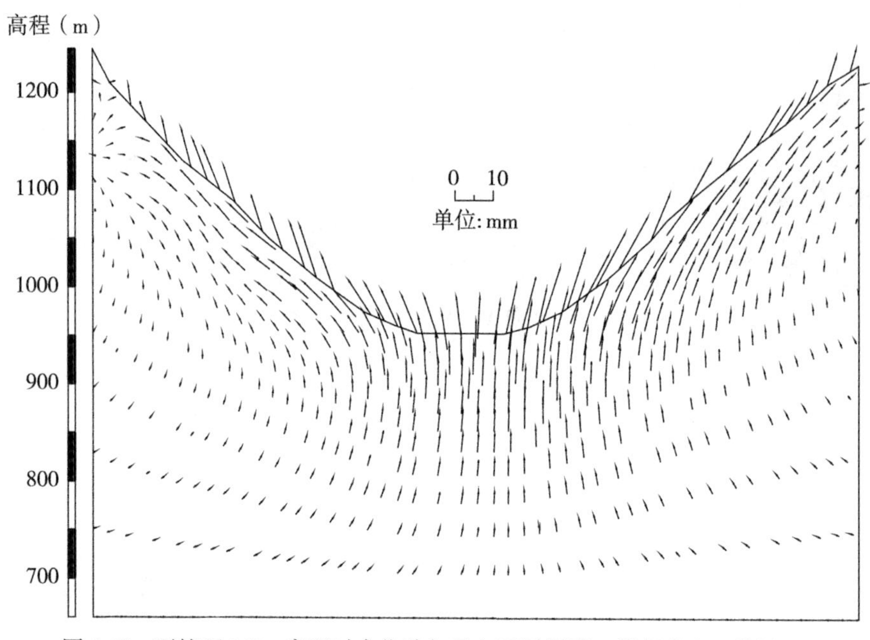

图 6-15　开挖至 953m 高程时合位移矢量立面展视图（沿坝基中心线展开）

6.4.2　953m 高程以下岩体松弛效应分析

1. 松弛区岩体流变参数反演

由于岩体的损伤松弛变形具有时空效应，为真实反映坝基开挖过程中损伤松弛随时间的变化过程，必须根据坝基监测成果对反映岩体流变特性的参数进行反演。根据设计部门提供的坝基回弹位移监测成果，选取其中监测历时相对较长的 21#坝段滑动测微计 C4-A21-HV-01 在 44 天内的监测资料作为反演依据。由于该监测历时偏短，导致监测曲线反映的仅为流变初期的位移变化模式，岩体的非线性流变特性未能充分反映出来，而且远未达到最终的收敛状态。因此，在对岩体流变参数进行反演过程中可以考虑采用线性流变模型。

通过反演得到：当开挖面以下 20m 范围的松弛岩体流变参数取为 2.4×10^{-5} [1/（MPa · d）]时，仿真计算中 21#坝段滑动测微计顶部测点（953m 高程）最终铅直向位移约 2.989mm，与监测位移 2.958mm 最为接近，而且所反映出的岩体流变规律与监测曲线基本一致（图 6-17），说明反演得到的流变参数是比较合理的。

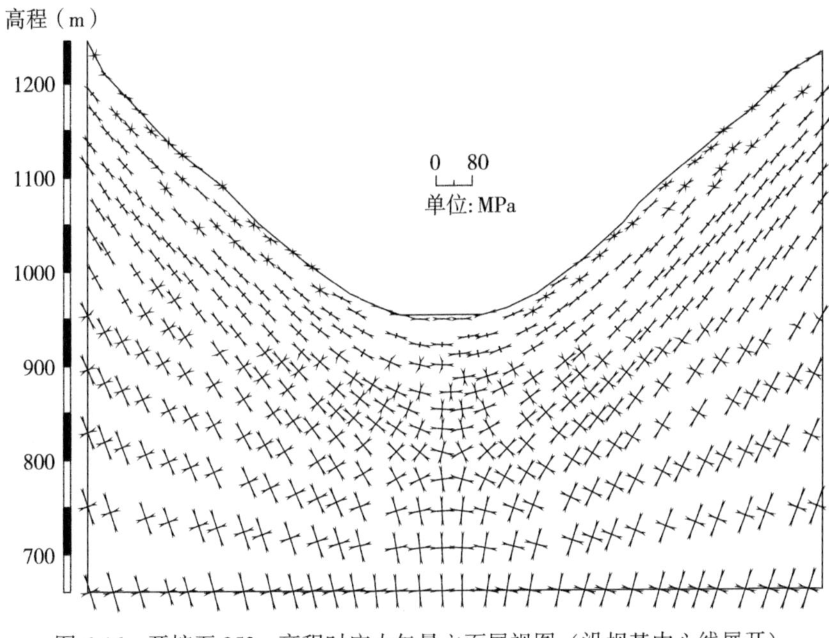

图6-16 开挖至953m高程时应力矢量立面展视图（沿坝基中心线展开）

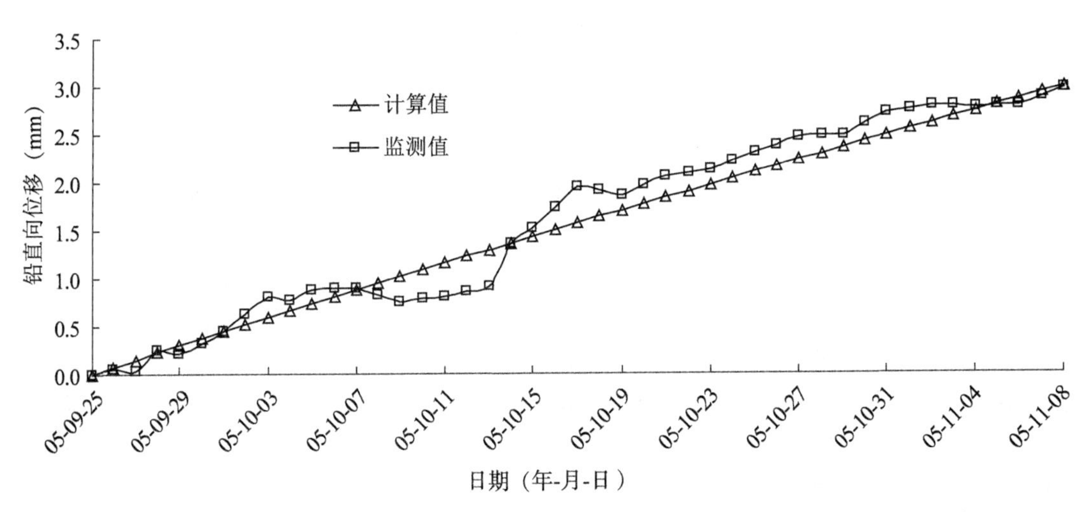

图6-17 21#坝段松弛区顶部测点铅直向位移计算值与监测值对比曲线（年份为2005年）

为有效估计后期松弛回弹位移对整个坝体-地基系统的影响程度，必须对开挖完成后且不考虑坝体浇筑这一假定下的最终收敛位移进行计算。图6-18为利用上述反演出的流变参数计算达到收敛时21#坝段距孔口不同深度测点的铅直向位移流变曲线，从图中可以看出：若不考虑开挖面以上坝体浇筑影响，松弛区顶部测点铅直向收敛位移约为20.63mm；而坝体混凝土开始浇筑时（2005-12-12）的铅直向位移分别为4.96mm，这个位移差的时空分布将对大坝的应力与变形产生影响。因此，坝体混凝土浇筑期间的坝基后期松弛回弹问题尤为关键。

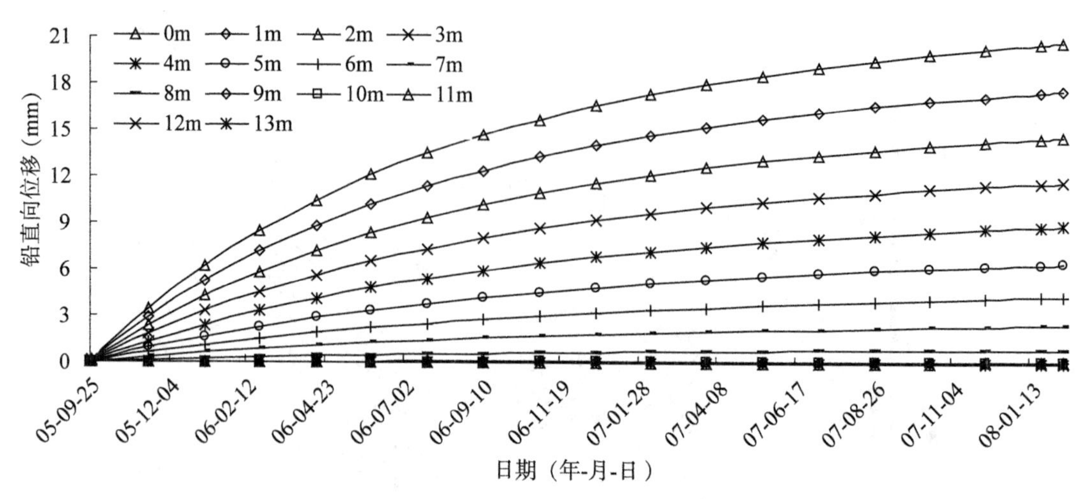

图 6-18　最终收敛时距孔口不同深度测点铅直向位移计算曲线（年份为 2005—2008 年）

2. 开挖松弛效应分析

1）弹塑性松弛增量位移

根据第 3 章提出的弹塑性松弛算法，结合反演出的松弛岩体流变参数，我们进行弹塑性松弛计算，直至开挖 950.5m 时刻。开挖至 953m 高程并且松弛后，开挖面的应力应变分布规律与开挖至高程 950.5m 时基本一致，只是量值上略有差别，这里仅对松弛过程中的位移增量进行着重分析。

图 6-19 和图 6-20 为弹塑性松弛计算的增量位移结果。松弛区岩体降强度指标后，经过黏塑性应力调整，屈服荷载会逐渐转移到其他部位，进而由不平衡力产生相应的位移。由位移矢量平面展视图（图 6-19）可知：弹塑性松弛后，松弛单元周边岩体变位均指向松弛单元内部，其量值均在 4mm 以内，且均小于开挖面的铅直向松弛位移；953m 高程基面由于受四周岩体约束，在水平方向基本无位移，主要受周围岩体挤压产生铅直向位移。由位移矢量立面展视图（图 6-20）可以看出：弹塑性松弛后，该范围岩体均产生指向临空面的位移，主要为铅直向上位移，其中 953m 高程坝基面的最大量值为 6.907mm，953—975m 高程之间的最大量值约为 6.417mm，出现在右岸坝基低高程部位；松弛区范围以外的岩体位移无明显变化。

图 6-21 为 21# 坝段监测点以下部位松弛前后铅直向合位移对比曲线。从图中分析可知：对开挖后的位移总量来说，弹性松弛和塑性松弛仅对 953m 高程以下浅层数米范围内变形产生显著影响，浅层铅直向位移明显增加 6~7mm；随着深度的增加，其增幅越来越小，超过约 8m 深度后开挖位移呈现反超开挖松弛位移的现象，且该坝段反超位移峰值 1.065mm 出现在距离开挖面 50m 处；随着埋深的进一步增加，松弛前后位移场差值逐渐变小，位移对比曲线逐渐重合。我们可以认为，由于浅层松弛现象的出现，导致较大范围位移出现变化，且尤以浅层最为显著。

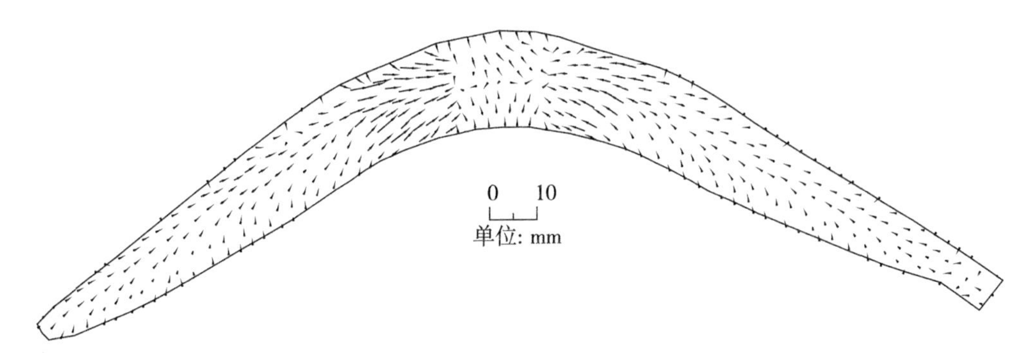

图 6-19 弹塑性松弛计算位移矢量平面展视图（沿开挖面展开）

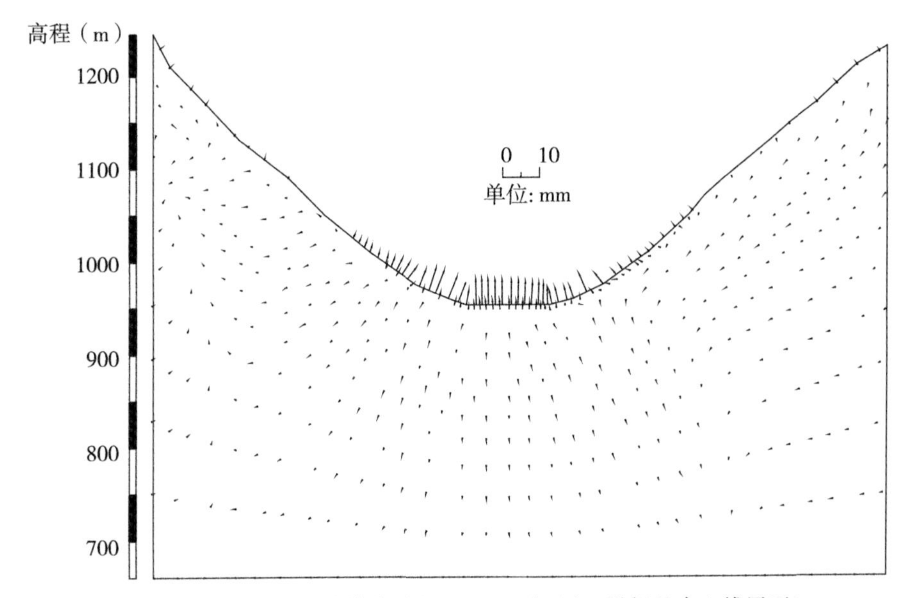

图 6-20 弹塑性松弛计算位移矢量立面展视图（沿坝基中心线展开）

2）松弛区深度分析

说明：以下图 6-22 至图 6-26 中第一主应变数量级均为 1.0×10^{-5}。

图 6-22、图 6-23 为初始地应力状态下横河向剖面、顺河向剖面第一主应变图。从图中可以看出：初始地应力状态下坝基开挖面以下岩体第一主应变呈层状分布，开挖面浅层以主拉应变为主，其中河床表面（953m 高程）主拉应变量值为 2.0×10^{-4}；随着深度增加，岩体第一主应变沿深度方向逐渐减小，且逐渐由拉应变过渡为压应变。

图 6-24、图 6-25 为开挖松弛后横河向剖面、顺河向剖面第一主应变图。从图中可以看出：开挖松弛后坝基开挖面以下岩体第一主应变分布规律与初始地应力状态下基本一致，仍呈层状分布。开挖面浅层以主拉应变为主，岩体第一主应变随深度增加而逐渐减小，且逐渐由拉应变过渡为压应变。由于计算中采用的是 Drucker-Prager 内切圆屈服准则，使开挖表面计算位移量值偏大，导致整个建基面主应变量值较开挖松弛前有大幅增

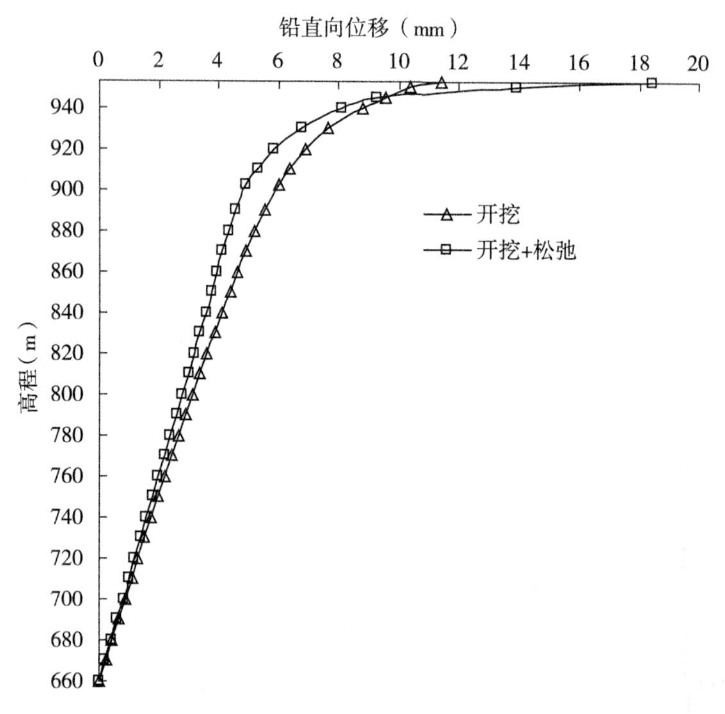

图 6-21　21#坝段监测点以下部位松弛前后铅直向合位移随高程变化曲线

加，几乎均在 1.0×10^{-3}以上。其中河床表面（953m 高程）主拉应变量值为 1.49×10^{-3}，但整个开挖面量值较大的主拉应变区域深度较浅，主要集中在开挖表面。

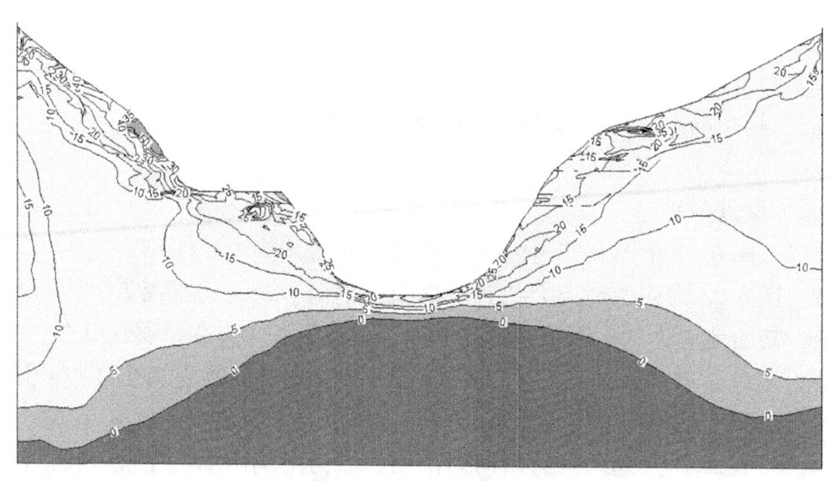

图 6-22　初始地应力状态下横河向剖面第一主应变等值线图

图 6-26 为坝基松弛后主拉应变等值线图。由图 6-26（a）可以看出，松弛后 975m 高程以下建基面附近的主拉应变量值均超过 2.0×10^{-3}，其中拱坝中心点附近由于受贯穿上

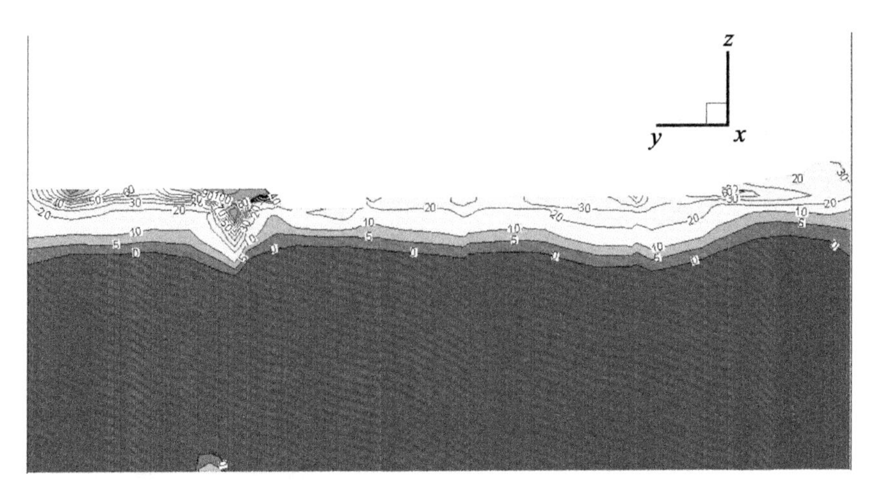

图 6-23　初始地应力状态下顺河向剖面第一主应变等值线图

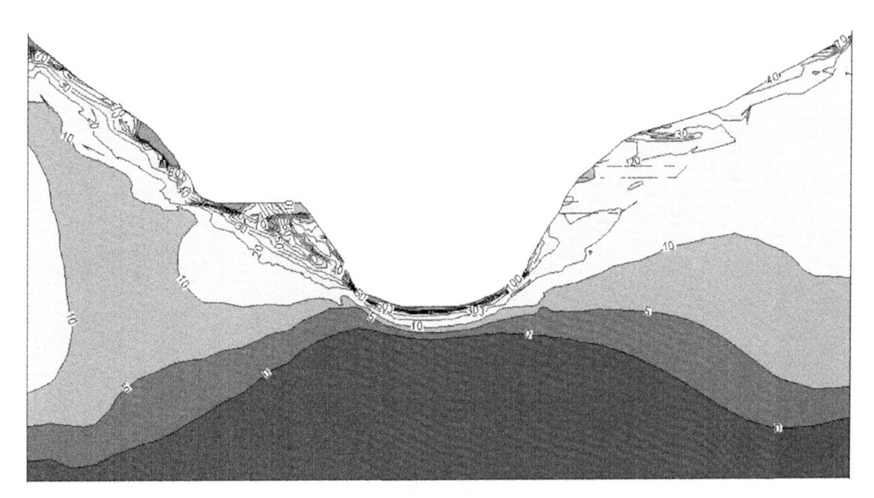

图 6-24　开挖松弛后横河向剖面第一主应变等值线图

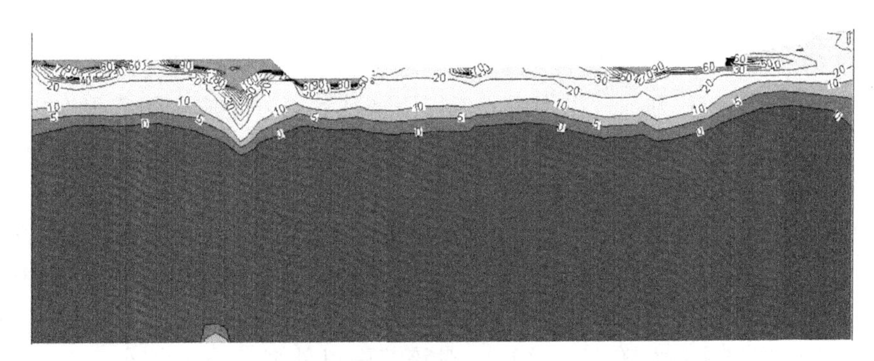

图 6-25　开挖松弛后顺河向剖面第一主应变等值线图

下游的蚀变带 E_{10}影响，导致其主拉应变量值明显高于周边同高程部位；另外，低高程建基面主拉应变量值均高于较高高程部位量值。计算表明，若采用主拉应变松弛判据进行判断，低高程部位发生损伤松弛的可能性较大，且以河床部位最为严重。由图 6-26（b）分析得出，开挖面以下岩体第一主应变沿深度方向逐渐减小，且逐渐由拉应变过渡为压应变，说明开挖主要引起建基面浅层局部岩体的损伤松弛，对深度较大的岩体影响甚微。

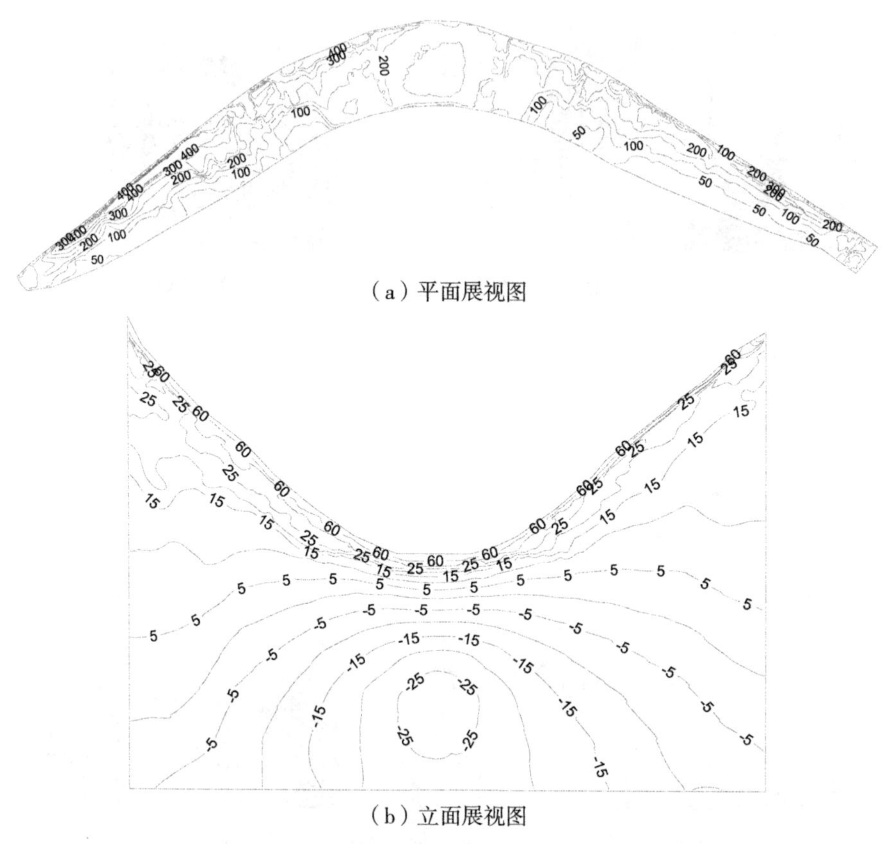

（a）平面展视图

（b）立面展视图

图 6-26　坝基松弛后主拉应变等值线图（沿开挖面中心线展开）

图 6-27 为拱坝中心点以下特征点主拉应变与主压应力随高程变化曲线。从图 6-27（a）中可以看出，开挖松弛前后拱坝中心点以下特征点第一主应变随高程变化规律大体一致。建基面以下 60m 范围内以拉应变为主，且随着深度的增加，其量值逐渐减小，并过渡为压应变。受建基面开挖回弹影响，开挖松弛后的主拉应变量值较开挖前初始地应力场产生的应变有所增大。其中，以 953m 高程开挖面最为显著，主应变由 2.0×10^{-4}增加至 1.49×10^{-3}，增幅达 645%。953m 高程以下 20m 范围内的主应变增幅也较大，953m 高程以下 20~60m 范围次之，超过 60m 深度后应变甚微。这说明，开挖松弛仅对建基面以下一定深度范围内的岩体主应变有较大影响，对该范围以外岩体影响较小。由于小湾拱坝 975m 高程以下建基面以微风化至新鲜花岗片麻岩为主，且没有大断层出露，经咨询小湾水电站的设计单位，我们取其极限拉伸应变值为 2.0×10^{-4}。结合上述计算成果，若采用

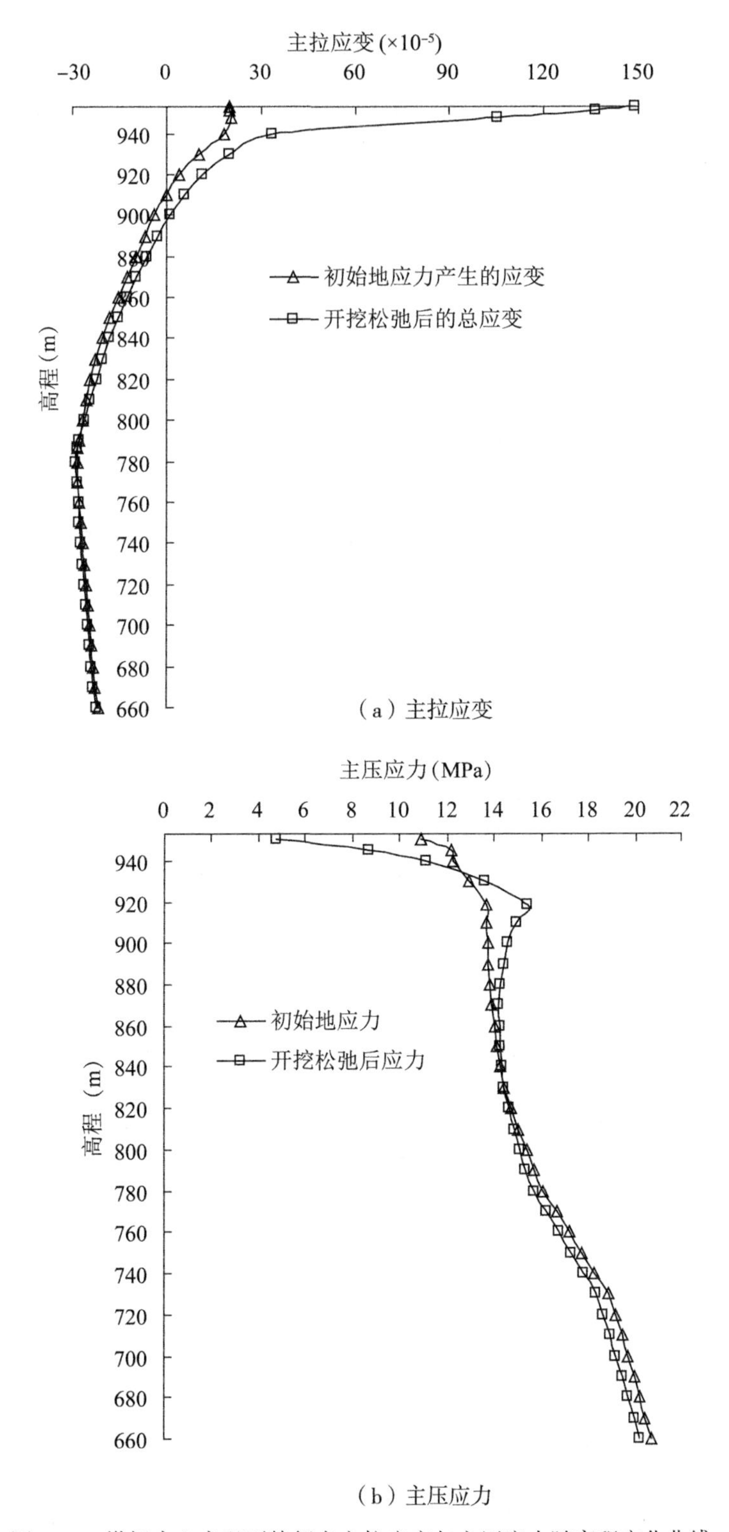

(a)主拉应变

(b)主压应力

图6-27 拱坝中心点以下特征点主拉应变与主压应力随高程变化曲线

主拉应变准则来判断是否松弛，则953m高程以下建基面可能发生松弛现象，且最大松弛深度约为22m。

同时，结合图6-27（b）可以看出，由于松弛后953m高程以下岩体弹性指标和强度指标均有大幅降低，导致浅层主压应力水平有所降低，且距离开挖面越近，降幅亦越大。其中953m高程开挖表面中心点由7.08MPa降为4.23MPa，降幅约为40.3%。而且特征点主压应力在距开挖面20m范围内随着深度的增加，其降幅越来越小；超过约20m深度范围后，松弛应力场呈现反超初始地应力场的现象，松弛应力峰值出现在距离开挖面34m（919m高程）处，其中初始地应力为13.7MPa，松弛应力为15.4MPa。随着特征点埋深的进一步增加，初始地应力场与松弛应力场差值逐渐变小，在约100m深度时松弛应力场基本与初始地应力场重合。我们可以认为，由于浅层应力释放，导致应力向深部岩体转移，进而出现较大范围应力重分布现象。

6.5 坝体浇筑期间的松弛效应分析

6.5.1 仿真计算条件

国内外许多大型水电工程现场监测资料表明，岩体损伤松弛的时效发展在开挖后的前3个月内较为明显，在6个月后基本稳定。鉴于上述工程经验，本次仿真计算时段到2008年12月13日为止，此时距小湾工程第一仓坝体混凝土浇筑近3年，其时间跨度足以涵盖后续松弛过程。截至2008年12月13日，整个坝体-地基系统和坝体的有限元网格如图6-28所示，其中：坝体最大浇筑高程为1180m，出现在11#坝段和13#坝段；河床中间21#—23#坝段浇筑高程约为1165m，混凝土浇筑厚度约为215m。整体模型单元数为616973，节点数为576987，其中坝基岩体单元数为283212，坝体混凝土单元数为333761。典型河床坝段前15个浇筑步具体日期及高程如表6-4所示。值得指出的是，由于22#坝段为河床中间坝段，其结果极具代表性，本次计算中也主要选取该坝段结果进行分析。

表6-4　　**河床坝段浇筑步-日期-高程（m）统计表（前15步）**

浇筑步	日期	20#坝段	21#坝段	22#坝段	23#坝段	24#坝段
1	2006-01-23	957.5	956	953	956	953
2	2006-03-04	—	960	956	957.5	960
3	2006-04-23	—	—	960	963	—
4	2006-05-19	—	971	965	967.5	975
5	2006-05-27	—	974	967.5	971	976
6	2006-06-08	974	977	971	974	981
7	2006-06-14	974	980	974	977	983
8	2006-06-24	976	983	977	980	986

续表

浇筑步	日期	20#坝段	21#坝段	22#坝段	23#坝段	24#坝段
9	2006-07-12	978.5	986	980	986	989
10	2006-07-21	981.5	989	983	986	992
11	2006-08-07	983	992	986	992	998
12	2006-08-21	987.5	996	989	994	1001
13	2006-08-28	990	—	992	—	1004
14	2006-09-09	994	—	994	998	1010
15	2006-09-22	1000	1004	—	1004	1011.7

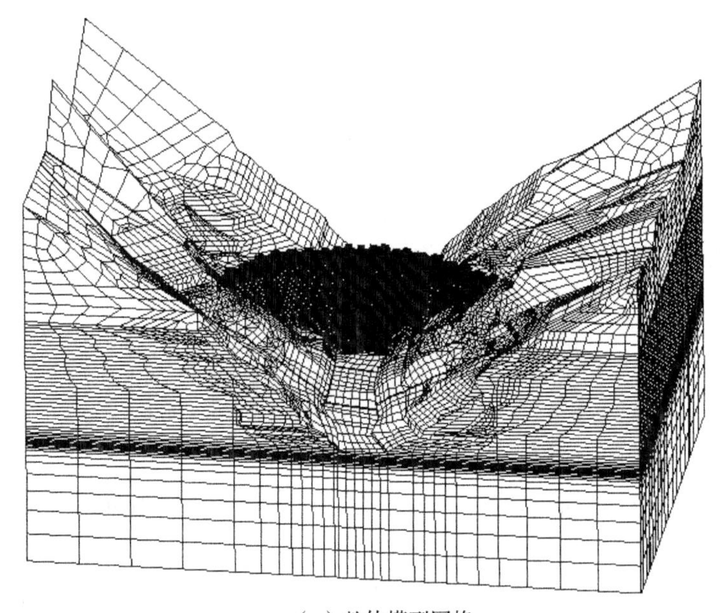

（a）整体模型网格

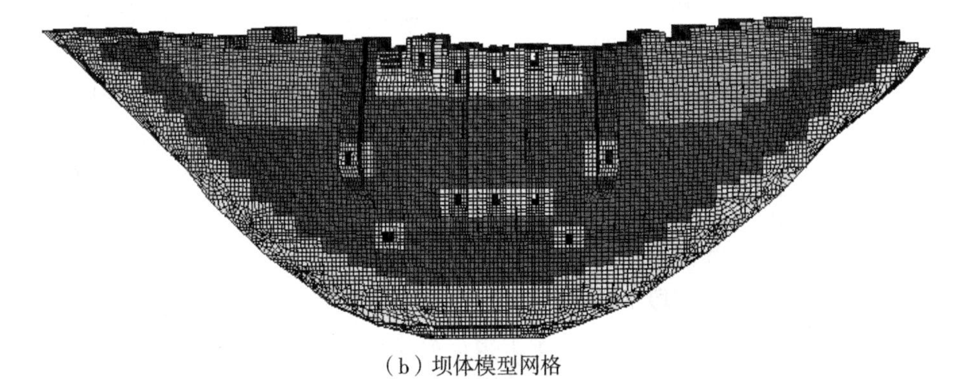

（b）坝体模型网格

图6-28　截至2008年12月13日大坝混凝土浇筑高程形象

6.5.2 计算方案

为充分体现损伤松弛岩体的逆向缓变过程，即浇坝期间松弛岩体卸荷裂隙被压密的现象，本次大坝仿真计算中引入松弛区裂隙岩体弹性模量等效算法计算，并拟定了一种对比工况进行分析：基岩仅考虑自重应力场且不考虑松弛岩体综合弹性模量随应力变化。另外，根据目前的地质勘探资料，小湾拱坝坝基岩体在浅部、中部和深部均存在多组不同产状的节理裂隙。由于松弛仿真计算主要针对大坝浇筑过程中松弛岩体的后续变形对坝体-地基系统的影响进行分析，因而这里主要考虑了坝基浅部松弛区范围内的一组顺河向缓倾角节理裂隙。参照渗流/应力应变耦合计算中的材料参数，可取该组节理间距平均值为 $L=0.975$m（左岸 950.5m 高程以下节理间距 0.93m，右岸节理间距为 1.02m）；根据试验资料，松弛区花岗岩体的耦合系数可取 $\xi\approx0.6$。不同深度松弛区裂隙岩体的裂隙面初始法向刚度系数 k_{n0} 的具体确定方法在 4.3.3 小节中已作详细阐述，这里不再重复。

各方案具体计算条件如下。

（1）方案 1：基岩自重应力场、参数按原设计值取定；坝基为弹性计算，不考虑其时效性；坝体混凝土为考虑自身体积变形和缓变过程的黏弹性计算。

（2）方案 2：松弛区裂隙岩体综合弹性模量随应力变化，不同松弛分区内裂隙面初始法向刚度系数为：Ⅰ区 $k_{n0}=23.1$GPa/m，Ⅱ区 $k_{n0}=36.9$GPa/m，Ⅲ区 $k_{n0}=48.4$GPa/m，松弛区外基岩弹性模量按原设计值取定；坝基为弹黏塑性计算，考虑基岩随时间的流变过程；坝体混凝土为考虑自身体积变形和缓变过程的黏弹性计算。

6.5.3 仿真结果分析

1. 位移结果

1）不同方案典型剖面位移对比

图 6-29 为 22#坝段径向剖面不同计算方案合位移矢量。从图中可以看出：截至 2008 年 12 月 13 日，由于水库蓄水量较小和坝体的“倒悬”作用，导致大坝在施工期有呈向上游倾倒的趋势，即顺河向位移指向上游，铅直向位移指向下。两种仿真方案铅直向最大位移均位于 990m 高程附近，其中方案 1 的最大位移量值约为 42mm，方案 2 的最大位移约为 40mm；顺河向最大位移均位于 1050m 高程附近，且方案 1、方案 2 的最大位移量值均为 25mm。通过对比上述仿真结果可知：考虑松弛区岩体弹性模量随上覆混凝土压重变化后，仿真计算中方案 2 整体模型刚度比方案 1 有所提高；同时，结合 21#坝段松弛区顶部测点铅直向位移最终收敛时的流变曲线可以看出，松弛区岩体在坝基开挖完成后、坝体浇筑期间仍会继续向上回弹。以上两方面的因素最终导致方案 2 中坝体大部分高程铅直向变位比方案 1 略减小，位移矢量方向也略有改变。

2）坝基位移计算值与监测值对比

这里主要选取河床 22#坝段滑动测微计 C4-A2-HV-02 顶部点的位移进行分析。根据滑动测微计原理，坝体混凝土浇筑后，由于上覆混凝土压重，整个基岩会产生向下的变位，随之埋设的滑动测微计内除了产生不同位置之间的相对位移外，也会产生铅直向下的刚体移动而产生绝对位移。但不同深度的测点变位存在差异，浅部变位较大，深部相对较小。

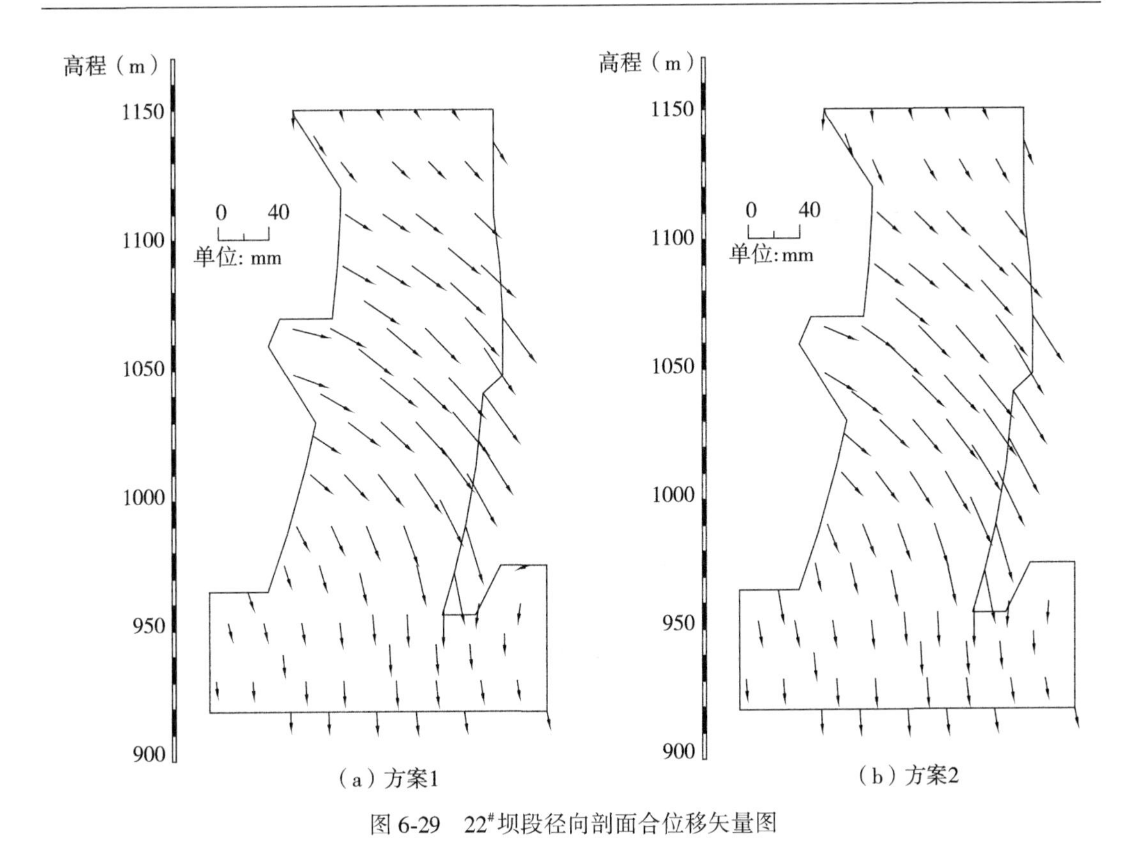

（a）方案1 （b）方案2

图 6-29 22#坝段径向剖面合位移矢量图

图 6-30 为 22#坝段滑动测微计顶部测点铅直向绝对位移和相对位移随浇筑高程及时间变化曲线，其中各方案的绝对位移均为滑动测微计测点处铅直向累计值，相对位移则为滑动测微计顶部点相对底部点的累计相对值。从图中可以看出：未考虑基岩构造应力和松弛区弹性模量变化的方案 1 在上覆混凝土压重的作用下，始终产生铅直向下的位移，且随着浇筑步的增多，其量值逐渐增大；但在考虑松弛回弹和基岩变弹性模量的方案 2 中，前 2 个浇筑步铅直位移增量均为向上，总位移在第 2 步（2006-03-04）达到最大量值，且从第 3 步（2006-04-23）开始，铅直向上总位移逐渐减小，在第 8 步（2006-06-24）时方向变为向下，而后随着浇筑步的增加，其向下位移量值逐渐增大。同样，就铅直向相对位移而言，方案 2 中前期回弹位移量值约为 2mm，后期随着浇筑步的增加，有逐渐被压回的趋势，但被压回的量值较小，主要是因为基岩中的滑动测微计本身存在刚体位移，导致仪器顶部点与底部点压缩量并不大。整体而言，方案 2 计算结果与监测曲线拟合程度非常好，曲线变化趋势一致，仅量值上有微小差异。

结合表 6-5 可以看出：方案 2 中 22#坝段建基面由于前期松弛回弹所产生的铅直向上绝对位移约为 1. 4mm，后期由于松弛效应逐渐减弱，导致该方案曲线下降趋势与方案 1 基本一致，且最终量值小于方案 1 约 3mm；河床坝段前期于 2006 年 3 月 4 日出现最大铅直向上位移，此时 22#坝段浇筑高程为 956m；方案 2 在 2006 年 6 月 14 日—6 月 24 日期间出现铅直位移反向，此时 22#坝段浇筑高程约为 977m。

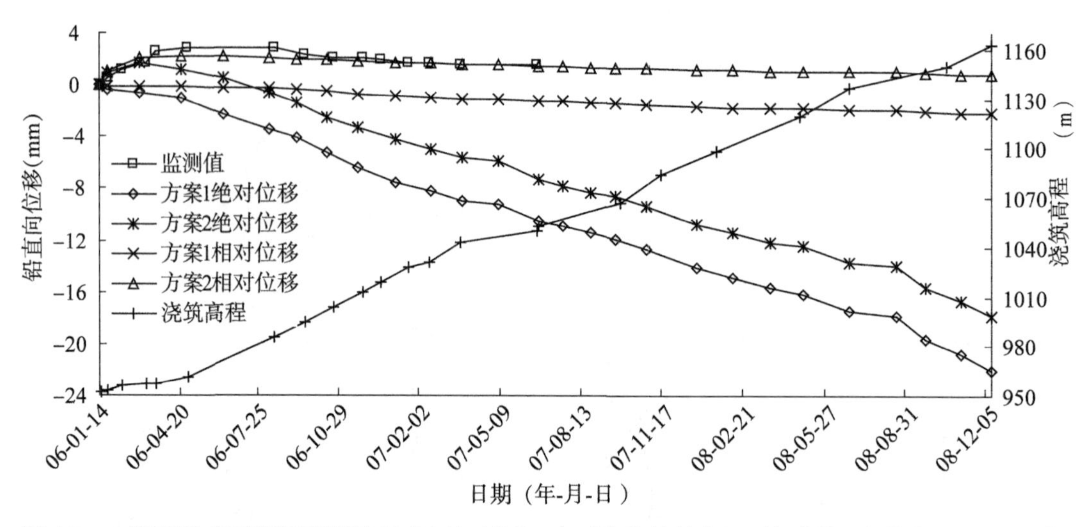

图 6-30　22# 坝段滑动测微计顶部测点铅直向绝对位移、相对位移-浇筑高程-时间曲线（年份为 2006—2008 年）

表 6-5　**22# 坝段建基面中心点不同方案位移结果对比（mm）**

浇筑步	日期	方案 1			方案 2		
		u_x	u_y	u_z	u_x	u_y	u_z
1	2006-01-23	0.00	0.01	−0.34	0.01	0.11	0.75
2	2006-03-04	0.04	0.03	−0.63	0.08	0.18	1.37
3	2006-04-23	0.11	0.09	−0.97	0.15	0.26	1.28
4	2006-05-19	0.17	0.16	−1.53	0.21	0.34	0.74
5	2006-05-27	0.17	0.21	−1.79	0.22	0.40	0.50
6	2006-06-08	0.17	0.24	−2.07	0.22	0.43	0.23
7	2006-06-14	0.18	0.26	−2.26	0.22	0.46	0.05
8	2006-06-24	0.19	0.29	−2.54	0.24	0.50	−0.22
9	2006-07-12	0.21	0.32	−2.88	0.25	0.53	−0.56
10	2006-07-21	0.18	0.34	−3.10	0.23	0.56	−0.78
11	2006-08-07	0.21	0.37	−3.42	0.25	0.59	−1.10
12	2006-08-21	0.20	0.39	−3.65	0.24	0.61	−1.33
13	2006-08-28	0.21	0.41	−3.82	0.25	0.63	−1.49
14	2006-09-09	0.19	0.39	−4.15	0.24	0.62	−1.82
15	2006-09-22	0.13	0.21	−4.75	0.18	0.43	−2.43

3）松弛效应对位移的影响分析

为分析坝体浇筑期间的岩体松弛效应对坝体-地基系统的影响时间，表6-6和表6-7分别对比不同高程、不同方案的各浇筑步的增量位移差。从两表中可以看出：在河床坝段低高程不同方案仿真计算中，坝基损伤松弛对建基面各浇筑步的增量位移有一定影响，其中在第8步浇筑（2006年6月24日，河床坝段浇筑高程约980m）之前影响较为显著，后期各浇筑步受其影响不大；而高高程坝块则由于浇筑时间较晚，各浇筑步增量位移基本不受坝基损伤松弛影响。上述结果表明：河床坝段坝体浇筑厚度约30m，即距第一仓坝体混凝土浇筑约半年后，松弛岩体的松弛效应可以忽略不计。

表6-6　**22#坝段950.5m高程中心点不同方案-浇筑步-增量位移结果对比（mm）**

浇筑步	日期	方案1			方案2			增量位移差		
		u_x	u_y	u_z	u_x	u_y	u_z	u_x	u_y	u_z
1	2006-01-23	0.00	0.01	−0.34	0.01	0.11	0.75	−0.01	−0.10	−1.09
2	2006-03-04	0.04	0.02	−0.29	0.06	0.07	0.62	−0.03	−0.06	−0.90
3	2006-04-23	0.06	0.06	−0.34	0.07	0.08	−0.09	−0.01	−0.02	−0.25
4	2006-05-19	0.06	0.08	−0.56	0.06	0.08	−0.54	0.00	−0.01	−0.02
5	2006-05-27	0.01	0.05	−0.26	0.01	0.06	−0.24	0.00	−0.01	−0.02
6	2006-06-08	0.00	0.03	−0.28	0.00	0.03	−0.27	0.00	0.00	−0.01
7	2006-06-14	0.01	0.02	−0.19	0.01	0.03	−0.18	0.00	−0.01	−0.01
8	2006-06-24	0.01	0.03	−0.28	0.01	0.04	−0.27	0.00	−0.01	−0.01
9	2006-07-12	0.02	0.03	−0.34	0.02	0.03	−0.34	0.00	0.00	0.00
10	2006-07-21	−0.02	0.03	−0.22	−0.02	0.03	−0.22	0.00	−0.01	0.00
11	2006-08-07	0.02	0.03	−0.32	0.02	0.03	−0.32	0.00	0.00	0.00
12	2006-08-21	−0.01	0.02	−0.23	−0.01	0.02	−0.23	0.00	0.00	0.00
13	2006-08-28	0.01	0.01	−0.17	0.00	0.02	−0.17	0.00	0.00	0.00
14	2006-09-09	−0.01	−0.02	−0.33	−0.01	−0.02	−0.33	0.00	0.00	0.00
15	2006-09-22	−0.06	−0.18	−0.60	−0.06	−0.18	−0.60	0.00	0.01	0.01

表6-7　**22#坝段1000m高程中心点不同方案-浇筑步-增量位移结果对比（mm）**

浇筑步	日期	方案1			方案2			增量位移差		
		u_x	u_y	u_z	u_x	u_y	u_z	u_x	u_y	u_z
16	2006-10-15	0.47	−0.30	−1.96	0.49	−0.31	−1.97	−0.01	0.01	0.00
17	2006-10-23	0.68	0.48	−0.50	0.69	0.47	−0.49	0.00	0.01	0.00
18	2006-10-28	−0.06	0.19	−0.75	−0.05	0.19	−0.76	−0.01	0.01	0.00

续表

浇筑步	日期	方案1			方案2			增量位移差		
		u_x	u_y	u_z	u_x	u_y	u_z	u_x	u_y	u_z
19	2006-11-07	-0.13	0.11	-1.26	-0.12	0.11	-1.26	0.00	0.01	0.00
20	2006-11-19	-0.12	0.23	-0.95	-0.12	0.22	-0.95	0.00	0.00	0.00
21	2006-11-21	-0.06	0.02	-0.05	-0.07	0.02	-0.05	0.00	0.00	0.00
22	2006-11-27	-0.09	-0.03	-0.06	-0.09	-0.03	-0.06	0.00	0.00	0.00
23	2006-11-29	-0.08	0.27	-0.52	-0.08	0.26	-0.51	0.00	0.00	-0.01
24	2006-12-01	-0.03	0.01	-0.02	-0.03	0.01	-0.02	0.00	0.00	0.00
25	2006-12-06	-0.03	0.00	0.00	-0.03	0.00	0.00	0.00	0.00	0.00
26	2006-12-12	0.04	0.36	-0.58	0.04	0.36	-0.58	0.00	0.00	-0.01
27	2006-12-14	-0.02	0.04	0.04	-0.02	0.04	0.04	0.00	0.00	0.00
28	2006-12-20	-0.02	0.07	0.11	-0.02	0.06	0.11	0.00	0.00	0.00
29	2006-12-24	0.01	0.03	0.05	0.01	0.03	0.05	0.00	0.00	0.00
30	2006-12-25	-0.04	0.18	-0.34	-0.04	0.18	-0.34	0.00	0.00	0.00

2. 应力成果

1）不同方案典型剖面应力对比

图6-31为22#坝段径向剖面不同计算方案应力矢量图。从两种计算方案整体应力分布规律来看：截至2008年12月13日，由于仿真计算中的主要荷载为坝体混凝土自重，坝体内部应力以压应力为主。因坝体铅直向受到底部基岩约束，而在径向上下游表面自由，导致坝体内主压应力方向为近铅直向，且压应力量值随高程的降低而逐渐增大。同时，由于双曲拱坝在施工期的“倒悬”作用，导致22#坝段径向剖面靠近上游的坝面侧压应力量值明显大于靠近下游的坝面侧，其中以上游坝踵、下游坝趾处量值差异最为显著，但两种仿真计算方案在下游坝趾处均无拉应力出现。由于仿真计算中考虑了混凝土的温度荷载、缓变和自身体积变形等因素，受大坝封拱灌浆之前的一、二期通水冷却影响，在22#坝段径向剖面1130m高程附近出现约0.6MPa的拉应力。

对比两种计算方案局部应力结果可知：方案1、方案2在坝体高高程部位的应力矢量大小和方向基本一致，仅有微小差别；但在坝体低高程和建基面以下基岩部位则存在较大差异。这主要是因为：方案1仅考虑了基岩自重应力场，而方案2则考虑了开挖松弛后的构造应力作用，方案2基岩内的整体应力水平远远高于方案1；在开挖松弛后的构造应力作用下，由于松弛区岩体在坝基开挖完成后的回弹过程并未结束，导致松弛区浅部岩体在坝体浇筑初期仍会继续向上回弹，直至坝体浇筑高程足够高以致混凝土压重能够抑制其向上变形为止。松弛区岩体的回弹作用造成与上覆浇筑块之间相互挤压，最终导致仿真方案2在坝体低高程部位各向应力量值（尤其是铅直向）比方案1均有所增大，且主应力矢量

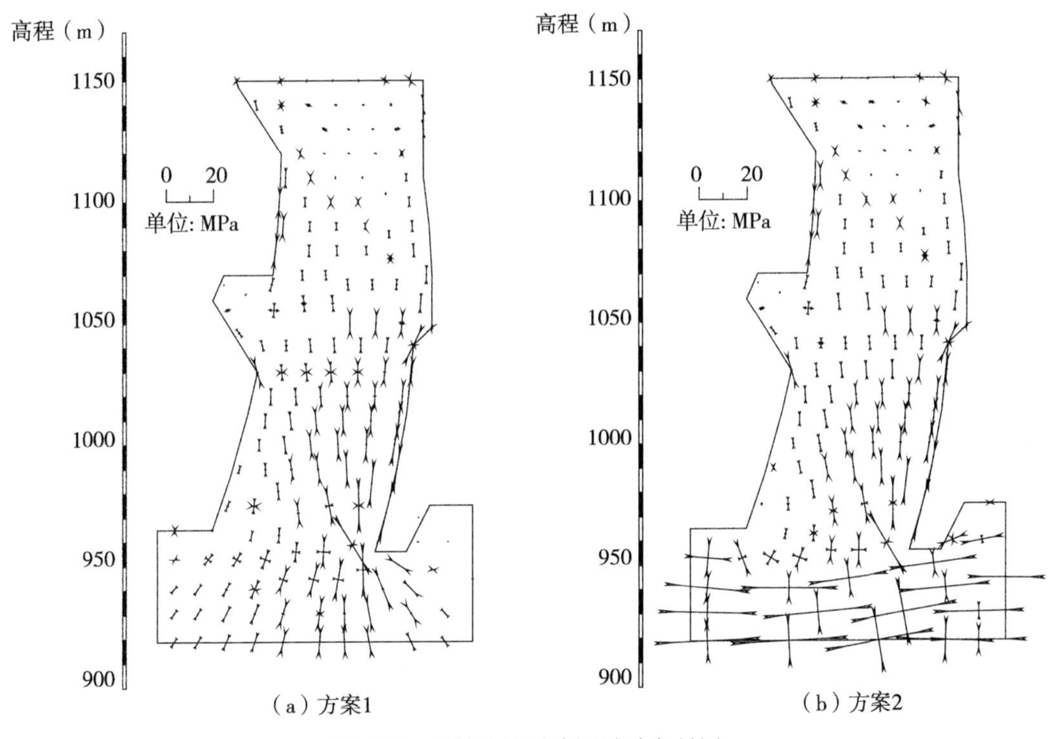

图 6-31　22#坝段径向剖面应力矢量图

方向也有较大偏转。从 950. 5m 高程以下基岩应力结果来看：方案 1 主要以铅直向应力为主，仅有量值较小的顺河向应力；方案 2 铅直向应力比方案 1 略大，但顺河向构造应力明显大于铅直向，应力矢量方向相对于方案 1 有较大偏转。

2）坝基压应力计算值与监测值对比

图 6-32 为 22#坝段坝基压应力计 C4-A22-C-01 测点计算与监测对比曲线。从图中可以看出：考虑开挖松弛应力和松弛区岩体弹性模量变化与否，2 种仿真方案计算的测点法向应力随时间变化规律基本一致，前期受到刚开始浇筑时刻通水冷却等温度荷载的影响，产生较小的拉应力，但后期均随着浇筑步的增加而压应力逐渐增大；从量值上来看，由于坝基松弛区岩体产生向上的回弹位移，形成与上覆浇筑块之间的相互挤压，导致方案 2 仿真结果中铅直向量值较方案 1 均有所增大。整体而言，方案 2 中 22#坝段测点计算值与监测值的吻合程度比方案 1 显著改善，整体规律和量值基本一致。

3）松弛效应对应力的影响分析

同样，为分析坝体浇筑期间的岩体松弛效应对坝体-地基系统的影响时间，表 6-8 和表 6-9 分别对比不同高程、不同方案的各浇筑步的增量应力差。其基本结论与前面增量位移差的分析一致，即河床坝段坝体浇筑厚度约 30m，即距第一仓坝体混凝土浇筑约半年后，松弛岩体的松弛效应可以忽略不计。

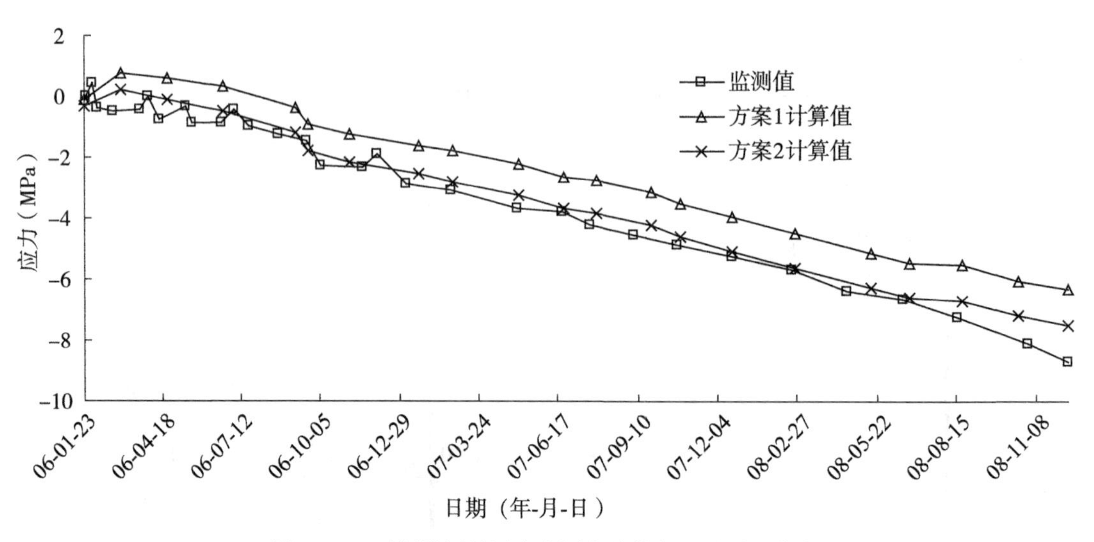

图 6-32　22#坝段坝基压应力测点计算与监测对比曲线

表 6-8　**22#坝段 950.5m 高程中心点不同方案-浇筑步-增量应力结果对比（MPa）**

浇筑步	日期	方案 1			方案 2			增量位移差		
		σ_x	σ_y	σ_z	σ_x	σ_y	σ_z	σ_x	σ_y	σ_z
1	2006-01-23	−0.11	−0.10	−0.10	−0.14	−0.14	−0.09	0.03	0.03	0.00
2	2006-03-04	0.67	0.46	0.95	0.62	0.42	0.95	0.05	0.04	0.00
3	2006-04-23	−0.13	−0.11	−0.25	−0.17	−0.13	−0.29	0.04	0.02	0.04
4	2006-05-19	−0.08	−0.03	−0.03	−0.10	−0.04	−0.05	0.02	0.01	0.01
5	2006-05-27	−0.07	0.00	−0.02	−0.09	0.00	−0.04	0.02	0.00	0.01
6	2006-06-08	−0.09	0.00	0.01	−0.10	0.00	0.00	0.01	0.00	0.01
7	2006-06-14	−0.08	0.02	0.01	−0.10	0.01	−0.01	0.02	0.01	0.02
8	2006-06-24	−0.05	−0.03	−0.03	−0.07	−0.03	−0.04	0.01	0.00	0.01
9	2006-07-12	−0.06	−0.07	−0.06	−0.06	−0.07	−0.06	0.00	0.00	0.00
10	2006-07-21	−0.05	−0.02	−0.01	−0.05	−0.02	−0.01	0.00	0.00	0.00
11	2006-08-07	−0.05	−0.05	−0.04	−0.05	−0.05	−0.04	0.00	0.00	0.00
12	2006-08-21	−0.03	−0.04	−0.04	−0.03	−0.04	−0.03	0.00	0.00	0.00
13	2006-08-28	−0.02	−0.03	−0.03	−0.02	−0.02	−0.03	0.00	0.00	0.00
14	2006-09-09	−0.08	−0.13	−0.13	−0.08	−0.13	−0.13	0.00	0.00	0.00
15	2006-09-22	−0.15	−0.42	−0.62	−0.15	−0.40	−0.61	0.00	−0.01	0.00

表 6-9　22#坝段 1000m 高程中心点不同方案-浇筑步-增量应力结果对比（MPa）

浇筑步	日期	方案 1			方案 2			增量位移差		
		σ_x	σ_y	σ_z	σ_x	σ_y	σ_z	σ_x	σ_y	σ_z
16	2006-10-15	0. 26	0. 32	0. 38	0. 26	0. 32	0. 38	0. 00	0. 00	0. 00
17	2006-10-23	−0. 17	−0. 44	−0. 40	−0. 17	−0. 44	−0. 40	0. 00	0. 00	0. 00
18	2006-10-28	0. 10	0. 14	−0. 14	0. 10	0. 14	−0. 14	0. 00	0. 00	0. 00
19	2006-11-07	0. 07	0. 14	−0. 15	0. 07	0. 14	−0. 15	0. 00	0. 00	0. 00
20	2006-11-19	−0. 03	0. 05	−0. 31	−0. 03	0. 05	−0. 31	0. 00	0. 00	0. 00
21	2006-11-21	−0. 02	0. 03	−0. 15	−0. 02	0. 03	−0. 15	0. 00	0. 00	0. 00
22	2006-11-27	−0. 01	0. 00	−0. 04	−0. 01	0. 00	−0. 04	0. 00	0. 00	0. 00
23	2006-11-29	0. 00	0. 01	−0. 08	0. 00	0. 01	−0. 08	0. 00	0. 00	0. 00
24	2006-12-01	−0. 01	0. 02	−0. 05	−0. 01	0. 02	−0. 05	0. 00	0. 00	0. 00
25	2006-12-06	0. 00	0. 00	−0. 01	0. 00	0. 00	−0. 01	0. 00	0. 00	0. 00
26	2006-12-12	−0. 01	−0. 02	−0. 09	−0. 01	−0. 01	−0. 09	0. 00	0. 00	0. 00
27	2006-12-14	−0. 01	0. 04	−0. 04	−0. 01	0. 04	−0. 04	0. 00	0. 00	0. 00
28	2006-12-20	−0. 01	0. 02	−0. 03	−0. 01	0. 02	−0. 03	0. 00	0. 00	0. 00
29	2006-12-24	0. 00	−0. 01	0. 00	0. 00	−0. 01	0. 00	0. 00	0. 00	0. 00
30	2006-12-25	0. 00	0. 00	−0. 06	0. 00	0. 00	−0. 06	0. 00	0. 00	0. 00

6.6 本 章 小 结

本章将新提出的岩体松弛效应分析方法应用于小湾工程中，研究了坝址区初始地应力场、坝基开挖期间及坝体浇筑期间的岩体松弛效应，并将仿真结果与现场监测成果做对比分析。研究表明：开挖松弛计算结果不仅合理反映了基岩的常规应力应变规律，而且突出了松弛岩体在一定区域内的应力重分布现象；大坝仿真计算结果不仅真实反映了坝基岩体的松弛回弹过程，与监测结果基本吻合，而且准确判断了岩体松弛效应对坝体-地基系统的影响时间。

第7章　总结与展望

岩体开挖损伤松弛问题对工程安全性和经济合理性有极大影响，它已经成为决定工程建设成败的重要控制因素之一。特别是国内外大量工程由于岩体松弛而影响工程建设的事实，更使人们加深了这种认识，从而大大促进了岩体松弛效应分析方法和工程实践的迅速发展。为合理反映岩体松弛效应对工程的影响，许多学者开展了卓有成效的研究工作，目前已在松弛机理、力学模型和分析方法等方面取得了一些成果。但若从较为准确、便于工程运用的角度出发，则在松弛效应的研究中仍存在许多难点亟待解决，如定量分析松弛发生的范围、严重程度和松弛后岩体内部的应力应变性态等，对一个具体工程而言尤为迫切。

7.1　总　　结

本书结合小湾拱坝坝基开挖过程中出现的岩体松弛问题，依托现场监测资料，同时参考国内外文献资料，主要针对岩体损伤松弛的判断准则、不同施工阶段松弛效应的分析方法、考虑损伤的松弛本构模型等问题进行了初步研究。主要研究内容如下。

（1）针对目前初始地应力场反演方法中存在的不足，采取一次反演和子模型相结合的二次计算方法，对初始地应力场的反演分析方法进行了研究，并以假定的水电工程坝址区横河向剖面为考题，对二次计算方法的有效性做了初步判断。研究结果表明：断层等软弱地质构造对初始地应力场的反演有一定影响，一次反演中这些部位附近的应力可能存在较大误差，而通过对局部子模型进行地应力场二次计算，可以改善一次反演所得的应力结果，使测点应力的实测值与反演计算值之间相对误差减小。

（2）基于大坝建基面开挖松弛机理和大量岩石力学试验，提出一套新的岩体开挖松弛主拉应变判别准则，并阐明了岩石极限拉伸应变的取值原则和最大主拉应变计算方法，同时建立了针对岩体弹性指标和强度指标变化的松弛效应实用有限元算法。最后，利用所建立的松弛判据和算法对假定的水电工程坝址区横河向剖面开挖松弛问题进行了分析研究，研究结果定量判断了岩体松弛影响范围，合理反映了坝基岩体应力重分布现象。

（3）针对坝体浇筑期间坝基松弛岩体卸荷裂隙被压密的现象，在节理岩体流变模型基本原则的基础上，采用“充填模型”对岩体裂隙进行模拟，建立了松弛岩体裂隙面刚度系数与法向应力的关系，进而推导出裂隙岩体的等效弹性模量算法，并对其中的实施细节进行了阐述，最后以含圆形孔洞、孔壁混凝土喷层和节理的方形岩石断面为例，验证了本书算法的合理性。该算法可用于模拟松弛岩体逆向缓变过程，合理反映施工后期的后续松弛效应。

(4) 选取经典弹塑性理论框架内的累积等效黏塑性偏应变作为内变量，建立了松弛岩体各力学参数的损伤变量及演化方程，通过不断更新松弛后的力学参数和调用新提出的实用松弛算法，推导建立了一种新的松弛岩体弹黏塑性损伤本构模型，并通过算例考证了该模型的合理性和有效性。同时，针对实际工程应用中累积等效黏塑性偏应变难以确定的问题，建立了一套能够标定其具体量值和修正损伤本构模型的数值试验系统 NTS，最后结合锦屏二级水电站辅助洞内的白山组大理岩常规三轴压缩试验曲线，对本构模型中应变阈值进行了综合确定，并为此类岩体损伤松弛效应分析的本构模型提供了修正依据，进而验证了 NTS 系统的合理性。

(5) 将新提出的岩体松弛效应分析方法应用于小湾工程中，研究了坝址区初始地应力场、坝基开挖期间及坝体浇筑期间的岩体松弛效应，并将仿真结果与现场监测结果进行对比分析。研究结果不仅合理反映了开挖过程中基岩的常规应力应变规律，而且突出了松弛岩体在一定区域内的应力重分布现象；既真实反映了大坝仿真计算过程中坝基岩体的松弛回弹过程，又准确判断了岩体松弛效应对坝体-地基系统的影响时间。仿真结果与现场监测结果的对比结论，进一步证明了本书研究的可靠性和实用性。

7.2 展　　望

岩体的开挖损伤松弛是一个历时漫长且极其复杂的过程，受现场监测资料和当前研究水平等因素的制约，其真实演变规律还远未被人们掌握。目前此方面的研究处于初步阶段，在理论和方法上还存在许多尚未认识到或未解决好的重大问题。就本书研究所涉及的一些方面来讲，以下几个方面的问题有待进一步深入研究。

(1) 地应力场反演中采用二次计算方法对反演精度有所提高，但增加了有限元前处理工作量。随着计算机性能的提升，可以考虑采用复合单元法进行反演，以复杂的计算代替复杂的前处理，进一步提高反演精度和效率。

(2) 松弛岩体受力状态复杂、破坏形式多样，单一的主拉应变判据对张裂破坏是适用的，但对其他破坏形式并非最佳，如何建立一种适用范围更广的松弛准则将是今后非常值得研究的问题。另外，本书的主拉应变判据仅作为一种松弛破坏准则，并未引入弹黏塑性本构模型中，因此下一步工作中可以考虑将该准则转换到应力空间，或直接建立基于应变空间的本构关系，以便更好地描述岩体破坏后的应力应变关系。

(3) 岩体松弛效应的分析可以采用加载力学和卸荷力学两种方法，本书主要采用加载强度理论进行研究。由于加载与卸荷具有完全不同的应力路径，两者所引起的岩体的变形和破坏特性，无论在力学机理还是在力学响应上都有很大差异。因此，从卸荷力学方面来建立岩体松弛的有限元算法，并与本书的松弛算法进行优劣性比较，还有待后续深入研究。

(4) 在建立岩体松弛损伤本构模型时，本书选取等效塑性应变这一内变量来建立损伤变量，虽然有一定的理论依据，但是否为最佳内变量尚需进一步研究和论证。另外，本书所建立的岩体损伤变量均为标量，它并不适用于描述各向异性的岩体损伤；若岩石力学试验资料充分，在后续研究中可以考虑引入损伤张量进行分析。

（5）本书的松弛损伤本构模型主要是基于连续介质力学的宏观唯象学方法建立的，它忽略了损伤演化的细观机理与力学过程，下一步工作中可以考虑结合细观损伤力学或统计损伤力学，从损伤基元或岩体强度随机分布特性等方面对岩体的宏观、细观损伤过程进行综合研究。

（6）本书主要从静力学方面对开挖卸荷导致的岩体松弛效应进行了研究，暂未考虑岩体受爆破冲击等动荷载影响，如何将各种荷载因素有机地结合起来进行综合分析，这也是今后的研究重点和发展方向。

参考文献

[1] Bossart P, Meier P M, Moeri A, et al. Geological and hydraulic characterization of the excavation disturbed zone in the opalinus clay formation at the Mont Terri rock laboratory [J]. Engineering Geology, 2002, 66 (1-2): 19-38.

[2] Budiansky B, Oconnell R J. Elastic moduli of a cracked solid [J]. International Journal of Solids and Structures, 1976, 12 (2): 81-97.

[3] Cai M, Kaiser P K. Assessment of excavation damaged zone using a micromechanics model [J]. Tunneling and Underground Space Technology, 2005, 20 (4): 301-310.

[4] Chaboche J L. Continuum damage mechanics: present state and future trends [J]. Nucl. Eng. Design, 1987, 105 (6): 19-33.

[5] Chen S H, Pande G N. Rheological model and finite element analysis of jointed rock masses reinforced by passive, fully-grouted bolts [J]. Int. J. Rock Mech. Min. Sci. & Geomech. Abstr., 1994, 31 (3): 273-277.

[6] Chen S H, Egger P. Three dimension elasto-viscoplastic finite element analysis of reinforced rock masses and its application [J]. Int. J. Numer. Analyt. Mech. Geomech., 1999, 23 (1): 61-78.

[7] Chen S H. Hydraulic Structures [M]. Springer, 2015.

[8] Dougill J W. On stable progressive fracturing solids [J]. J. Appl. Math Phys. (ZAMP), 1976, 27 (4): 423-437.

[9] Dragon A, Morz Z. A continuum theory for plastic-brittle behavior of rock and concrete [J]. Int. J. Eng. Sci., 1979, 17 (2): 121-137.

[10] Fouche O, Wright H, Le C. Fabric control on strain and rupture of heterogeneous shale samples by using a non-conventional mechanical test [J]. Applied Clay Science, 2004, 26 (1-4): 367-387.

[11] Gao F, Xie H P. Statistically fractal strength theory for brittle materials [J]. Acta Mechanica Solids Sinica, 1996, 9 (1): 42-51.

[12] Horii H, Nemat-Nasser S. Overall moduli of solids with microcracks: Load-induced anisotropy [J]. J. Mech. Phys. Solids., 1983, 31 (2): 155-171.

[13] Hou Z M. Mechanical and hydraulic behavior of rock salt in the excavation disturbed zone around underground facilities [J]. Int. J. Rock Mech. Min. Sci. & Geomech. Abstr., 2003, 40 (5): 725-738.

[14] Hu K X, Huang Y. Estimation of the elastic properties of fractured rock masses [J]. Int.

J. Rock Mech. Min. Sci. & Geomech. Abstr., 1993, 30 (4): 381-394.

[15] Janson J, Hult J. Fracture mechanics and damage mechanics, a combined approach [J]. J. de Mech. Appl., 1977, 1 (1): 59-64.

[16] Kachanov L M. Microcrack model of rock inelasticity, Part I: frictional sliding on microcracks [J]. Mechanics of Materials, 1982, 1 (1): 19-27.

[17] Kachanov L M. Microcrack model of rock inelasticity, Part II: propagation of microcracks [J]. Mechanics of Materials, 1982, 1 (1): 29-41.

[18] Kachanov L M. Time of the rupture process under creep conditions [J]. Izvestiia Akademia Nauk SSSR, 1958, 10 (8): 26-31.

[19] Kelsall P C, Case J B, Chabannes C R. Evaluation of excavation-induced changes in rock permeability [J]. Int. J. Rock Mech. Min. Sci. & Geomech. Abstr., 1984, 21 (3): 123-135.

[20] Kemeny J, Cook N G W. Effective moduli, non-linear deformation and strength of a cracked elastic solid [J]. Int. J. Rock Mech. Min. Sci. & Geomech. Abstr., 1986, 23 (2): 107-118.

[21] Krajcinovic D, Fonseka G U. The continuous damage theory of brittle materials, Part I: general theory [J]. J. Appl. Mech., 1981, 48 (4): 809-815.

[22] Krajcinovic D, Fonseka G U. The continuous damage theory of brittle materials, Part II: uniaxial and plane response modes [J]. J. Appl. Mech., 1981, 48 (4): 816-824.

[23] Kwansnieaski M A. Mechanical behavior of anisotropic rocks [J]. Comprehensive Rock Mechanics, 1993, 4 (1): 16-22.

[24] Leckie F A, Hayhurst D R. Creep rapture of structure [C] // The Royal Society A: Mathematical, Physical and Engineering Sciences. 1974.

[25] Lemaitre J. Continuous damage mechanics model for ductile fracture [J]. Journal of Engineering Materials and Technology, 1985, 107 (1): 83-89.

[26] Lemaitre J. Evaluation of dissipation and damage in metals submitted to dynamic loading [C] // ICM-1, Kyoto, 1971.

[27] Ling J M. Appl. of Compute Meth. in Rock Mech. [M]. Xi'an: Shanxi Science and Technology Press, 1993: 727-732.

[28] Martino J B, Chandler N A. Excavation-induced damage studies at the underground research laboratory [J]. Int. J. Rock Mech. Min. Sci. & Geomech. Abstr., 2004, 41 (8): 1413-1426.

[29] Mazars J. A description of micro- and macroscale damage of concrete structures [J]. Engineering Fracture Mechanics, 1986, 25 (5-6): 729-737.

[30] Mitaim S, Detournay E. Damage around a cylindrical opening in a brittle rock mass [J]. Int. J. Rock Mech. Min. Sci. & Geomech. Abstr., 2004, 41 (8): 1447-1457.

[31] Molinero J, Samper J, Juanes R. Numerical modeling of the transient hydrogeological response produced by tunnel construction in fractured bedrocks [J]. Engineering Geology,

2002，64（4）：369-386.

[32] Nozhin A F. Use of the method of limiting equilibrium to calculating parameters of the unloading zone in the rim of deep quarries [J]. Soviet Mining Science，1985，21（5）：405-409.

[33] Owen D R J，Hinton E. Finite elements in plasticity：theory and practice [M]. Swansea：Pineridge Press Ltd.，1980.

[34] Rabotnov Y N. Creep rupture [C] // 12th Int. Cong. Appl. Mech，IUTAM，1968.

[35] Ramamurth T. Strength and modulus response of anisotropic rocks [J]. Comprehensive Rock Mechanics，1993，4（1）：23-28.

[36] Salari M R，Saeb S，Willam K J，et al. A coupled elastoplastic damage model for geomaterials [J]. Computer Methods in Applied Mechanics and Engineering，2004，193（27-29）：2625-2643.

[37] Sayers C M. Orientation of microcracks formed in rocks during strain relaxation [J]. Int. J. Rock Mech. Min. Sci. & Geomech. Abstr.，1990，27（5）：437-439.

[38] Shemyakin E I，Fisenko G L，Kurlenya M V，et al. Zonal disintegration of rocks around underground workings，Part I：data of in situ observations [J]. Journal of Mining Science，1986，22（3）：157-168.

[39] Vahid H，Kaiser P. Brittleness of rock and stability assessment in hard rock tunneling [J]. Tunneling and Underground Space Technology，2003，18（1）：35-48.

[40] Zhou H，Chen S H，Wang W M. A preliminary study on elasto-viscoplastic damage constitutive relation of relaxed rock mass [C] //Eurock 2010，Lausanne，Switzerland，2010.

[41] Zhou H，Wang G J，Fu S J，et al. Foundation unloading and relaxation effects on arch dam：take xiaowan project as an example [C] //76th Annual Meeting of ICOLD，Sofia，Bulgaria，2008.

[42] 白世伟，李光煜. 二滩水电站坝区岩体应力场研究 [J]. 岩石力学与工程学报，1982，1（1）：45-56.

[43] 柴贺军，刘浩吾，王明华. 大型电站坝区应力场三维弹塑性有限元模拟与拟合 [J]. 岩石力学与工程学报，2002，21（9）：1314-1318.

[44] 曹庆林. 节理岩体等效弹模与初始地应力的数值确定方法研究 [D] 长沙：中南工业大学，1991.

[45] 曹庆林. 随机分布节理岩体的等效力学模型 [C] //第二届全国青年学术年会暨第三届全国青年岩石力学学术研讨会论文集. 成都：西南交通大学出版社，1995：188-192.

[46] 曹庆林，周慧. 节理岩体变形特性的参数研究及等效弹模的数值确定 [J]. 冶金矿山设计与建设，1996（2）：3-7.

[47] 曹文贵，张升. 基于 Mohr-Coulomb 准则的岩石软化本构模型之损伤随机统计方法研究 [J]. 湖南大学学报，2005，32（1）：43-48.

[48] 曹文贵，赵明华，刘成学. 基于 Weibull 分布的岩石损伤软化模型及其修正方法研究 [J]. 岩石力学与工程学报，2004，23（19）：3223-3231.
[49] 曹文贵，赵明华，唐学军. 岩石破裂过程的统计损伤模拟研究 [J]. 岩土工程学报，2003，25（2）：184-187.
[50] 陈国庆，冯夏庭，张传庆，等. 深埋硬岩隧洞开挖诱发破坏的防治对策研究 [J]. 岩石力学与工程学报，2008，27（10）：2064-2071.
[51] 陈景涛. 高地应力下硬岩本构模型的研究与应用 [D]. 武汉：中国科学院武汉岩土力学研究所，2006.
[52] 陈胜宏. 计算岩体力学与工程 [M]. 北京：中国水利水电出版社，2006.
[53] 陈胜宏，王鸿儒，熊文林. 节理面渗流性质的探讨 [J]. 武汉水利电力学院学报，1989，22（1）：53-60.
[54] 陈忠辉，林忠明，谢和平，等. 三维应力状态下岩石损伤破坏的卸荷效应 [J]. 煤炭学报，2004，29（1）：31-35.
[55] 陈宗基，康文法，黄杰藩. 岩石的封闭应力、蠕变和扩容及本构方程 [J]. 岩石力学与工程学报，1991，10（4）：299-312.
[56] 程滨. 初始地应力场拟合方法研究 [D]. 武汉：中国科学院武汉岩土力学研究所，2005.
[57] 邓建辉，李焯芬，葛修润. BP 网络和遗传算法在岩石边坡位移反分析中的应用 [J]. 岩石力学与工程学报，2001，20（1）：1-5.
[58] 邓建辉，李焯芬，葛修润. 岩石边坡松动区与位移反分析 [J]. 岩石力学与工程学报，2001，20（2）：171-174.
[59] 邓建辉，王浩，姜清辉，等. 利用滑动变形计监测岩石边坡松动区 [J]. 岩石力学与工程学报，2002，21（2）：180-184.
[60] 董方庭，宋宏伟，郭志宏，等. 巷道围岩松动圈支护理论 [J]. 煤炭学报，1994，19（1）：21-31.
[61] 董毓利，谢和平，李世平. 砼受压损伤力学本构模型的研究 [J]. 工程力学，1996，13（1）：44-53.
[62] 方德平. 岩石应变软化的有限元计算 [J]. 华侨大学学报（自然科学版），1991，12（2）：177-181.
[63] 冯夏庭，张治强，杨成祥，等. 位移反分析的进化神经网络方法研究 [J]. 岩石力学与工程学报，1999，18（5）：529-533.
[64] 冯学敏，陈胜宏，李文纲. 岩石高边坡开挖卸荷松弛准则研究与工程应用 [J]. 岩土力学，2009，30（增2）：452-456.
[65] 付成华. 地下洞室围岩稳定性及信息化施工研究 [D]. 武汉：武汉大学，2007.
[66] 付成华，汪卫明，陈胜宏. 溪洛渡水电站坝区初始地应力场反演分析研究 [J]. 岩石力学与工程学报，2006，25（11）：2305-2312.
[67] 傅少君. 岩土结构仿真反馈分析的理论与实践 [D]. 武汉：武汉大学，2005.
[68] 傅少君，陈胜宏，邹丽春. 小湾拱坝诱导底缝的三维有限元分析 [J]. 水利学报，

2006，37（1）：97-103.
［69］高玮，郑颖人. 围岩松动圈灰预测的进化神经网络法［J］. 岩石力学与工程学报，2002，21（5）：658-661.
［70］郭怀志，马启超，薛玺成，等. 岩体初始应力场的分析方法［J］. 岩土工程学报，1983，5（3）：64-75.
［71］郭明伟，李春光，王水林，等. 优化位移边界反演三维初始地应力场的研究［J］. 岩土力学，2008，29（5）：1269-1274.
［72］哈秋舲. 岩石边坡工程与卸荷非线性岩石（体）力学［J］. 岩石力学与工程学报，1997，16（4）：386-391.
［73］哈秋舲，李建林，张永兴，等. 节理岩体卸荷非线性岩体力学［M］. 北京：中国建筑工业出版社，1998.
［74］胡静. 边坡开挖爆破和卸荷松弛效应的有限元分析［D］. 武汉：武汉大学，2000.
［75］胡云华. 高应力下花岗岩力学特性试验及本构模型研究［D］. 武汉：中国科学院武汉岩土力学研究所，2008.
［76］黄润秋，林峰，陈德基，等. 岩质高边坡卸荷带形成及其工程性状研究［J］. 工程地质学报，2001，9（3）：227-232.
［77］吉小明. 隧道开挖的围岩损伤扰动带分析［J］. 岩石力学与工程学报，2002，24（10）：1697-1702.
［78］贾金生，袁玉兰，马忠丽. 中国与世界大坝建设情况［C］//水电 2006 国际研讨会论文集. 昆明，2006：1205-1209.
［79］蒋建国，卢雪峰，杨前冬，等. 基于弹性应变能的岩石损伤统计本构模型［J］. 采矿技术，2020，20（6）：23-26.
［80］蒋中明，徐卫亚，邵建富. 基于人工神经网络的初始地应力场的三维反分析［J］. 河海大学学报，2002，30（3）：52-56.
［81］金李. 节理岩体开挖动态卸荷松动机理研究［D］. 武汉：武汉大学，2009.
［82］靖洪文，付国彬，郭志宏. 深井巷道围岩松动圈影响因素实测分析及控制技术研究［J］. 岩石力学与工程学报，1999，18（1）：70-74.
［83］黎勇，栾茂田. 非连续变形计算力学模型基本原理及其线性规划解［J］. 大连理工大学学报，2000，40（3）：351-357.
［84］李广平. 类岩石材料微裂纹损伤模型分析［J］. 岩石力学与工程学报，1995，14（2）：107-117.
［85］李舰，蔡国庆，尹振宇. 适用于弹黏塑性本构模型的修正切面算法［J］. 岩土工程学报，2020，42（2）：253-259.
［86］李建林. 卸荷岩体力学理论与应用［M］. 北京：中国建筑工业出版社，1999.
［87］李建林. 卸荷岩体力学［M］. 北京：中国水利水电出版社，2003.
［88］李建林，孟庆义. 卸荷岩体的各向异性研究［J］. 岩石力学与工程学报，2001，20（3）：338-341.
［89］李建林，王乐华. 卸荷岩体力学原理与应用［M］. 北京：科学出版社，2016.

[90] 李丽娟，曹平，赵延林. 基于断裂理论的节理岩体等效弹模的研究 [J]. 石家庄铁道学院学报（自然科学版），2008，21（3）：14-19.

[91] 李守巨，刘迎曦，王登刚. 基于遗传算法的岩体初始应力场反演 [J]. 煤炭学报，2001，26（1）：13-17.

[92] 李守巨，张军，刘迎曦，等. 基于优化算法的岩体初始应力场随机识别方法 [J]. 岩石力学与工程学报，2004，23（23）：4012-4016.

[93] 李银平，王元汉. 基于有效损伤体积的微缺陷损伤定义 [J]. 华中科技大学学报，2001，29（5）：98-100.

[94] 李仲奎，莫兴华，王爱民，等. 地下洞室松动区模型及其在反馈分析中的应用 [J]. 水利水电技术，1999，30（5）：49-51.

[95] 梁远文，林红梅，潘文彬. 基于 BP 神经网络的三维地应力场反演分析 [J]. 广西水利水电，2004（4）：5-8.

[96] 凌建明，孙钧. 脆性岩石的细观裂纹损伤及其时效特征 [J]. 岩石力学与工程学报，1993，12（4）：304-312.

[97] 凌建明，孙钧. 应变空间表述的岩体损伤本构关系 [J]. 同济大学学报（自然科学版），1994，22（2）：135-140.

[98] 刘刚，宋宏伟. 围岩松动圈影响因素的数值模拟 [J]. 冶矿工程，2003，23（1）：1-3.

[99] 刘世君，高德军，徐卫亚. 复杂岩体地应力场的随机反演及遗传优化 [J]. 三峡大学学报，2005，27（2）：123-127.

[100] 刘文博，孙博一，陈雷，等. 一种基于弹性能释放率的岩石新型统计损伤本构模型 [J]. 2021，48（1）：88-95.

[101] 刘允芳，等. 岩体地应力与工程建设 [M]. 武汉：湖北科学技术出版社，2000.

[102] 刘允芳，何建华. 地应力研究与西部大开发 [J]. 岩石力学与工程学报，2001，20（S）：1638-1644.

[103] 陆佑楣. 开发利用水能资源、保护地球生态环境 [C] //水电 2006 国际研讨会论文集. 昆明，2006：1-3.

[104] 罗士瑾，吕媛媛，朱旭东，等. 深部岩体爆破破坏特征及损伤机制分析 [J]. 水力发电，2021，47（1）：39-43，67.

[105] 马洪琪，李伟起，迟福东. 能源革命推动西南地区共享发展战略研究 [J]. 中国工程科学，2021，23（1）：86-91.

[106] 蒙伟，何川，晏启祥，等. p 值法在岩体初始地应力场反演中的应用 [J]. 中国铁道科学，2021，42（1）：71-79.

[107] 米德才，陆民安. 百色水利枢纽 RCC 坝基岩体松弛及处理 [J]. 水力发电，2006，32（12）：43-45.

[108] 聂德新. 岩质高边坡岩体变形参数及松弛带厚度研究 [J]. 地球科学进展，2004，19（3）：472-477.

[109] 潘别桐，黄润秋. 工程地质数值法 [M]. 北京：地质出版社，1994.

[110] 潘家铮，何璟. 中国大坝50年 [M]. 北京：中国水利水电出版社，2000.
[111] 庞作会，陈文胜，邓建辉，等. 复杂初始应力场的反分析 [J]. 岩土工程学报，1998，20（4）：44-47.
[112] 祁方坤，赵祉君. 应用围岩松动圈理论支护特大断面硐室 [J]. 矿山压力与顶板管理，2003（2）：39-40.
[113] 秦建彬，冯明权. 彭水水电站主厂房下游边墙岩体卸荷松弛特征 [J]. 人民长江，2007，38（9）：91-93.
[114] 秦卫星，付成华，汪卫明，等. 基于子模型法的初始地应力场精细模拟研究 [J]. 岩土工程学报，2008，30（6）：930-934.
[115] 秦跃平. 岩石损伤力学模型及其本构方程的探讨 [J]. 岩石力学与工程学报，2001，20（4）：560-562.
[116] 秦跃平，张金峰，王林. 岩石损伤力学理论模型初探 [J]. 岩石力学与工程学报，2003，22（4）：646-650.
[117] 秦跃平，张文标，王磊. 岩石损伤力学模型分析 [J]. 岩石力学与工程学报，2003，22（5）：702-705.
[118] 任青文，刘爽，陈俊鹏，等. 基于损伤理论的重力坝坝基岩体渐进破坏数值模拟研究 [J]. 水利学报，2014（1）：1-9.
[119] 沈蓉. 小湾水电站岩石物理力学特性研究 [J]. 云南水力发电，1997（4）：27-29.
[120] 盛谦. 深挖岩质边坡开挖扰动区与工程岩体力学性状研究 [D]. 武汉：中国科学院武汉岩土力学研究所，2002.
[121] 史永东，张凯，赵海军. 弹性波测试技术在巷道围岩松动圈测试中的应用 [J]. 有色矿冶，2002，18（6）：1-4.
[122] 石敦敦，傅永华，朱暾，等. 人工神经网络结合遗传算法反演岩体初始地应力的研究 [J]. 武汉大学学报（工学版），2005，38（2）：73-76.
[123] 宋宏伟，王闯，贾颖绚. 用地质雷达测试围岩松动圈的原理与实践 [J]. 中国矿业大学学报，2002，31（4）：370-373.
[124] 孙均，侯学渊. 地下结构 [M]. 北京：科学出版社，1987.
[125] 孙秀丽. 岩石渐进损伤演化过程的模拟方法研究 [D]. 沈阳：沈阳工业大学，2006.
[126] 汤献良. 高坝坝基岩体质量的应力变化动态响应研究——以小湾水电站坝基岩体为例 [D]. 成都：成都理工大学，2013.
[127] 唐春安，赵文. 岩石破裂全过程分析软件 RFPA2D [J]. 岩石力学与工程学报，1997，16（4）：368-374.
[128] 唐辉明，孙成伟. 岩体损伤力学研究进展 [J]. 地质科技情报，1995，14（4）：85-92.
[129] 陶振宇. 岩石力学的理论与实践 [M]. 北京：水利出版社，1979.
[130] 陶振宇. 高地应力区的岩爆及其判别 [J]. 人民长江，1987，18（5）：25-32.
[131] 童小东，龚晓南，蒋永生. 水泥土的弹塑性损伤试验研究 [J]. 土木工程学报，2002，35（4）：82-85.

[132] 王呈璋. 基于应力函数法的初始地应力场反演研究综述 [J]. 岩土工程与地下工程, 2020, 40 (4): 143-146, 149.
[133] 王夫亮. 关于确定围岩松弛区半径及其相关问题的探讨 [J]. 铁道工程学报, 1998 (2): 57-65.
[134] 王浩, 廖小平. 边坡开挖卸荷松弛区的力学性质研究 [J]. 中国地质灾害与防治学报, 2007, 18 (S): 5-10.
[135] 王利. 岩石弹塑性损伤模型及其应用研究 [D]. 北京: 北京科技大学, 2006.
[136] 王勖成, 邵敏. 有限单元法基本原理和数值方法 [M]. 北京: 清华大学出版社, 1997.
[137] 韦立德. 岩石力学损伤和流变本构模型研究 [D]. 南京: 河海大学, 2003.
[138] 吴刚. 工程岩体卸荷破坏机制研究的现状及展望 [J]. 工程地质学报, 2001, 9 (2): 174-181.
[139] 吴刚, 孙钧. 卸荷应力状态下裂隙岩体的变形和强度特性 [J]. 岩石力学与工程学报, 1998, 17 (6): 615-621.
[140] 吴秋军, 傅少君. 子模型方法研究瀑布沟土石坝防渗结构 [J]. 武汉大学学报 (工学版), 2006, 39 (3): 55-59.
[141] 伍法权, 刘彤, 汤献良, 刘建友. 坝基岩体开挖卸荷与分带研究——以小湾水电站坝基岩体开挖为例 [J]. 岩石力学与工程学报, 2009, 28 (6): 1091-1098.
[142] 伍向阳. 岩石的应力松弛、应变硬化和应变软化 [J]. 地球物理学进展, 1996, 11 (4): 71-76.
[143] 吴政. 基于损伤的混凝土拉压全过程本构模型研究 [J]. 水利水电技术, 1995 (11): 58-63.
[144] 吴政. 单向荷载作用下岩石损伤模型及其力学特性研究 [J]. 岩石力学与工程学报, 1996, 15 (1): 55-61.
[145] 肖明. 三维初始应力场反演与应力函数拟合 [J]. 岩石力学与工程学报, 1989, 8 (4): 337-345.
[146] 肖世国, 周德培. 开挖边坡松弛区的确定与数值分析方法 [J]. 西南交通大学学报, 2003, 38 (3): 318-322.
[147] 谢和平. 岩石、混凝土损伤力学 [M]. 北京: 中国矿业大学出版社, 1990.
[148] 刑文训, 谢金星. 现代优化计算方法 [M]. 北京: 清华大学出版社, 1999.
[149] 徐平, 盛谦. 考虑开挖卸荷效应的边坡稳定性数值分析 [J]. 岩石力学与工程学报, 1998, 17 (S): 823-828.
[150] 徐平, 周火明. 高边坡岩体开挖卸荷效应流变数值分析 [J]. 岩石力学与工程学报, 2000, 19 (4): 481-485.
[151] 徐卫亚, 韦立德. 岩石损伤统计本构模型研究 [J]. 岩石力学与工程学报, 2002, 21 (6): 787-791.
[152] 徐卫亚, 杨松林. 裂隙岩体松弛模量分析 [J]. 河海大学学报 (自然科学版), 2003, 31 (3): 295-298.

[153] 徐军，任光明，姚晨辉. 某高拱坝坝基开挖卸荷松弛时空效应［J］. 岩土工程，2019，36（6）：83-87，92.

[154] 徐志，马静，贾金生，等. 水能资源开发利用程度国际比较［J］. 水利水电科技进展，2018，38（1）：63-67.

[155] 许梦飞，姜谙男，史洪涛，等. 基于 Hoek-Brown 准则的岩体弹塑性损伤模型及其应力回映算法研究［J］. 工程力学，2020，37（1）：195-206.

[156] 薛娈鸾，陈胜宏. 瀑布沟工程地下厂房区地应力场的二次计算研究［J］. 岩石力学与工程学报，2006，25（9）：1881-1886.

[157] 薛娈鸾，陈胜宏. 岩石裂隙渗流与法向应力耦合的复合单元模型［J］. 岩石力学与工程学报，2007，26（增1）：2613-2619.

[158] 阎金安，张宪宏. 岩石材料应变软化模型及有限元分析［J］. 岩土力学，1990，11（1）：19-27.

[159] 杨更社. 岩石类材料单轴压缩损伤变量与纯剪切损伤变量间的关系［J］. 力学与实践，1994，16（1）：34-36.

[160] 杨更社，谢定义. 岩石损伤扩展力学特性的 CT 分析［J］. 岩石力学与工程学报，1999，18（3）：250-254.

[161] 杨建华，代金豪，姚池，等. 岩石高边坡爆破开挖损伤区岩体力学参数弱化规律研究［J］. 岩土工程学报，2020，42（5）：968-975.

[162] 杨林德. 岩土工程问题的反演理论与工程实践［M］. 北京：科学出版社，1996.

[163] 杨友卿. 岩石强度的损伤力学分析［J］. 岩石力学与工程学报，1998，18（1）：23-27.

[164] 杨志法，熊顺成. 关于位移反分析的某些考虑［J］. 岩石力学与工程学报，1995，14（1）：11-16.

[165] 杨志强，高谦，翟淑花，等. 复杂工程地质体地应力场智能反演［J］. 哈尔滨工业大学学报，2016，48（4）：154-160.

[166] 易达. 岩体初始应力场反演分析研究［D］. 武汉：武汉大学，2002.

[167] 易达，陈胜宏. 地表剥蚀作用对地应力场反演的影响［J］. 岩土力学，2003，24（2）：254-261.

[168] 易达，陈胜宏，葛修润. 岩体初始应力场的遗传算法与有限元联合反演法［J］. 岩土力学，2004，25（7）：1077-1080.

[169] 易达，徐明毅，陈胜宏. 遗传算法在岩体初始应力场反演中的应用［J］. 岩石力学与工程学报，2001，20（增2）：1618-1622.

[170] 易达，徐明毅，陈胜宏，等. 人工神经网络在岩体初始应力场反演中的应用［J］. 岩土力学，2004，25（6）：943-946.

[171] 尤哲敏，陈建平，李永松，等. 大坪山深埋公路隧道地应力场分布规律探讨［J］. 地下空间与工程学报，2013，9（2）：279-283，296.

[172] 袁风波. 岩体地应力场的一种非线性反演新方法研究［D］. 武汉：中国科学院武汉岩土力学研究所，2007.

[173] 张力民，吕淑然，刘红岩. 综合考虑宏细观缺陷的岩体动态损伤本构模型 [J]. 爆炸与冲击，2015，35 (3)：428-436.
[174] 张全胜，杨更社，任建喜. 岩石损伤变量及本构方程的新探讨 [J]. 岩石力学与工程学报，2003，22 (1)：30-34.
[175] 张升. 岩土材料本构模型的损伤统计理论研究 [D]. 长沙：湖南大学，2005.
[176] 张有天，胡惠昌. 地应力场的趋势分析 [J]. 水利学报，1984 (4)：31-38.
[177] 张有天，周维垣. 岩石高边坡的变形与稳定 [M]. 北京：中国水利水电出版社，1999.
[178] 张乐婷，王红霞，魏明强. 基于遗传算法优化神经网络的纸坊隧道初始地应力场拓展分析 [J]. 城市道桥与防洪，2016 (8)：316-317，320.
[179] 张铮，刘潇潇，陈天雄，等. 损伤演化细观机制的宏观研究 [J]. 力学研究，2019，8 (2)：165-178.
[180] 赵吉坤，朱小春，石端学，等. 子模型法在小湾拱坝结构诱导缝及检查廊道中的应用 [J]. 河海大学学报 (自然科学版)，2007，35 (3)：298-301.
[181] 赵晓彦，胡厚田，庞烈鑫，等. 类土质边坡开挖的卸荷作用及卸荷带宽度的确定 [J]. 岩石力学与工程学报，2005，24 (4)：708-712.
[182] 赵永红. 岩石弹脆性分维损伤本构模型 [J]. 地质科学，1997，32 (4)：487-494.
[183] 中华人民共和国水利部. SL264—2001 水利水电工程岩石试验规程 [S]. 北京：水利电力出版社，2001.
[184] 周华，陈胜宏. 高拱坝坝址区初始地应力场的二次计算 [J]. 岩石力学与工程学报，2009，28 (4)：767-774.
[185] 周华，王国进，傅少君，等. 小湾拱坝坝基开挖卸荷松弛效应的有限元分析 [J]. 岩土力学，2009，30 (4)：1175-1180.
[186] 周华，汪卫明，陈胜宏. 岩体开挖松弛的判据与有限单元分析 [J]. 华中科技大学学报 (自然科学版)，2009，37 (6)：112-116.
[187] 周火明，盛谦，李维树，等. 三峡船闸边坡卸荷扰动区范围及岩体力学性质弱化程度研究 [J]. 岩石力学与工程学报，2004，23 (7)：1078-1081.
[188] 周家文，徐卫亚，李明卫，等. 岩石应变软化模型在深埋隧洞数值分析中的应用 [J]. 岩石力学与工程学报，2009，28 (6)：1116-1127.
[189] 周建平，杨泽艳，陈观福. 我国高坝建设的现状和面临的挑战 [J]. 水利学报，2006，37 (12)：1433-1438.
[190] 周维垣，等. 高等岩石力学 [M]. 北京：水利电力出版社，1989.
[191] 周维垣，剡公瑞，杨若琼. 岩体弹脆性损伤本构模型及工程应用 [J]. 岩土工程学报，1998，20 (5)：54-57.
[192] 周希圣，陈明雄，王朝晖，等. 围岩松动圈灰色预测研究 [J]. 煤，1997，6 (2)：15-16.
[193] 周希圣，宋宏伟. 国外围岩松动圈支护理论研究概况 [J]. 建井技术，1994，4 (5)：67-69.

[194] 周云虎. 中国的水电资源开发现状及前景 [J]. 红水河，2009，28（1）：1-8.
[195] 朱伯芳. 有限单元法原理与应用 [M]. 北京：中国水利水电出版社，2000.
[196] 朱万成，唐春安，杨天鸿，等. 岩石破裂过程分析（RFPA2D）系统的细观单元本构关系及验证 [J]. 岩石力学与工程学报，2003，22（1）：24-29.
[197] 朱泽奇. 坚硬裂隙岩体开挖扰动区形成机理研究 [D]. 武汉：中国科学院武汉岩土力学研究所，2008.
[198] 邹丽春，等. 高拱坝设计理论与工程实践 [M]. 北京：中国水利水电出版社，2017.